Adobe创意大学运维管理中心　推荐教材

"十二五"职业技能设计师岗位技能实训教材

Adobe
Flash CS6
动画设计与制作
案例技能实训教程

关玉英　邓林芳　魏砚雨　编著

北京希望电子出版社
Beijing Hope Electronic Press
www.bhp.com.cn

内容简介

本书根据 Flash 动画制作由初级到高级应用归纳出 11 个实训模块，并参考实际岗位需求，按照动画制作过程构建任务，以完成工作任务为主线，由浅入深、循序渐进地讲解 Flash CS6 动画制作的基本原理和相关职业技能。

本书共分为 11 个模块，每一个模块都由与之相关的模拟制作任务和独立实践任务组成，内容涵盖 Flash CS6 入门知识、绘制图形、编辑图形、特殊效果的文本、制作逐帧动画、制作补间动画、制作引导层动画、制作遮罩动画、制作简单交互动画、多媒体与组件的应用及动画周边软件。

本书适合作为各大院校和培训学校相关专业的教材。因其实例内容具有行业代表性，是 Flash 动画制作方面不可多得的参考资料，也可供相关从业人员参考。

光盘采用了统一的多媒体交互操作界面，提供了与教材内容相对应的大部分教学视频、原始素材和最终效果文件。为方便教学，还为用书教师准备了与本书内容同步的电子课件、习题答案等，如有需要，请通过封底上的联络方式获取。

需要本书或技术支持的读者，请与北京海淀区中关村大街 22 号中科大厦 9 层 906 室（邮编：100190）发行部联系，电话：010-62978181（总机），传真：010-82702698，E-mail：bhpjc@bhp.com.cn。

图书在版编目（C I P）数据

Adobe Flash CS6 动画设计与制作案例技能实训教程 / 关玉英，邓林芳，魏砚雨编著. -- 北京：北京希望电子出版社，2014.1

ISBN 978-7-83002-159-7

Ⅰ. ①A… Ⅱ. ①关… ②邓… ③魏… Ⅲ. ①动画制作软件—教材 Ⅳ. ①TP391.41

中国版本图书馆 CIP 数据核字(2013)第 294144 号

出版：北京希望电子出版社

地址：北京市海淀区中关村大街 22 号
　　　中科大厦 A 座 9 层 906 室

邮编：100190

网址：www.bhp.com.cn

电话：010-62978181（总机）转发行部
　　　010-82702675（邮购）

传真：010-82702698

经销：各地新华书店

封面：深度文化

编辑：石文涛　刘　霞

校对：全　卫

开本：787mm×1092mm　1/16

印张：14

字数：332 千字

印刷：北京昌联印刷有限公司

版次：2018 年 1 月 1 版 6 次印刷

定价：42.00 元（配 1 张 DVD 光盘）

丛 书 序

《国家"十二五"时期文化改革发展规划纲要》提出，到 2015 年中国文化改革发展的主要目标之一是"现代文化产业体系和文化市场体系基本建立，文化产业增加值占国民经济比重显著提升，文化产业推动经济发展方式转变的作用明显增强，逐步成长为国民经济支柱性产业"。文化创意人才队伍则是决定文化产业发展的关键要素，而目前北京、上海等地的创意产业从业人员占总就业人口的比例远远不及纽约、伦敦、东京等文化创意产业繁荣城市，人才不足矛盾愈发突出，严重制约了我国文化事业的持续发展。

教育机构是人才培养的主阵地，为文化创意产业的发展注入了动力和新鲜血液。同时，文化创意产业的人才培养也离不开先进技术的支撑。Adobe®公司的技术和产品是文化创意产业众多领域中重要和关键的生产工具，为文化创意产业的快速发展提供了强大的技术支持，带来了全新的理念和解决方案。使用 Adobe 产品，人们可尽情施展创作才华，创作出各种具有丰富视觉效果的作品。其无与伦比的图形图像功能，备受网页和图形设计人员、专业出版人员、商务人员和设计爱好者的喜爱。他们希望能够得到专业培训，更好地传递和表达自己的思想和创意。

Adobe®创意大学计划正是连接教育和行业的桥梁，承担着将 Adobe 最新技术和应用经验向教育机构传导的重要使命。Adobe®创意大学计划通过先进的考试平台和客观的评测标准，为广大的合作院校、机构和学生提供快捷、稳定、公正、科学的认证服务，帮助培养和储备更多的优秀创意人才。

北京中科希望软件股份有限公司是 Adobe®公司授权的 Adobe®创意大学运维管理中心，全面负责 Adobe®创意大学计划及 Adobe®认证考试平台的运营及管理。Adobe®创意大学技能实训系列教材是 Adobe 创意大学运维管理中心的推荐教材，它侧重于综合职业能力与职业素养的培养，涵盖了 Adobe 认证体系下各软件产品认证专家的全部考核点。为尽可能适应以提升学习者的动手能力，该套书采用了"模块化+案例化"的教学模式和"盘+书"的产品方式，即：从零起点学习 Adobe 软件基本操作，并通过实际商业案例的串讲和实际演练来快速提升学习者的设计水平，这将大大激发学习者的兴趣，提高学习积极性，引导学习者自主完成学习。

我们期待这套教材的出版，能够更好地服务于技能人才培养、服务于就业工作大局，为中国文化创意产业的振兴和发展做出贡献。

北京中科希望软件股份有限公司董事长　周明陶

前　言

Adobe 公司作为全球最大的软件公司之一，自创建以来，从参与发起桌面出版革命，到提供主流创意工具，以其革命性的产品和技术，不断变革和改善着人们思想及交流的方式。今天，无论是在报刊，杂志、广告中看到的，还是从电影，电视及其他数字设备中体验到的，几乎所有的作品制作背后均打着 Adobe 软件的烙印。

为了满足新形势下的教育需求，我们组织了由 Adobe 技术专家、资深教师、一线设计师以及出版社策划人员的共同努力下完成了新模式教材的开发工作。本教材模块化写作，通过案例实训的讲解，让学生掌握就业岗位工作技能，提升学生的动手能力，以提高学生的就业全能竞争力。

本书共分十一个模块：

模块 01　Flash CS6 入门知识

模块 02　绘制图形

模块 03　编辑图形

模块 04　特殊效果的文本

模块 05　制作逐帧动画

模块 06　制作补间动画

模块 07　制作引导层动画

模块 08　制作遮罩动画

模块 09　制作简单交互动画

模块 10　多媒体与组件的应用

模块 11　动画周边软件

本书特色鲜明，侧重于综合职业能力与职业素养的培养，融"教、学、做"为一体，适合应用型本科、职业院校、培训机构作为教材使用。为了教学方便，还为用书教师提供与书中同步的教学资源包（课件、素材、视频）。

本书由关玉英、邓林芳、魏砚雨编著，由王国胜负责此书的审定工作。其中模块 1、2、8、9 由关玉英编写，模块 3、4、6、7 由邓林芳编写、模块 5、10、11 由魏砚雨编写。同时也感谢北京希望电子出版社的鲁海涛对本书付出的辛勤工作，本书才得以顺利出版。再此表示感谢。

由于编者水平有限，本书疏漏或不妥之处在所难免，敬请广大读者批评、指正。

编者

2013 年 10 月

Contents 目录

模块 01　Flash CS6入门知识

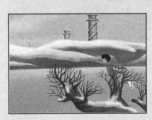

模块 02　绘制图形

模块 03 编辑图形

模块 04 特殊效果的文本

模块 05　制作逐帧动画

模块 06　制作补间动画

模块 **07** 制作引导层动画

模块 **08** 制作遮罩动画

模块 09　制作简单交互动画

模块 10　多媒体与组件的应用

模块 11 动画周边软件

模块 01 Flash CS6入门知识

软件知识目标:

1. 了解Flash CS6的应用范围
2. 熟悉Flash CS6的工作界面
3. 掌握Flash CS6的基本操作

专业知识目标:

1. 熟悉动画的制作流程
2. 熟悉Flash软件中工具栏的应用
3. 掌握素材图片的导入方法

建议课时安排: 6课时(讲课4课时,实践2课时)

Fl 知识储备

知识1 Flash动画的优点

　　Flash是一款集多种功能于一体的多媒体矢量动画软件,自Flash问世以来,Flash动画设计应用程序就受到了人们的喜爱,尤其是随着其功能的不断增强,更是成为人们设计动画作品的一把利器。

　　Flash动画的优越性可以归纳为如下6点。

1. 文件容量小

　　Flash通过使用关键帧和图符使得所生成的动画(.swf)文件非常小,几k字节的动画文件已经可以实现许多令人心动的动画效果。

2. 适用范围广

　　利用Flash不仅可以制作应用于广告宣传的动画,也可以制作MV、小游戏、网页、动画短片、商业广告和多媒体课件等,还可以制作项目文件,应用于多媒体光盘或展示中。

3. 图像质量高

　　Flash动画大多由矢量图形制作而成,可以实现无限制地放大而不影响质量,因此图像的质量很高。

4. 下载速度快

　　Flash动画可以放在网页上供大家欣赏和下载。由于其使用的是矢量图技术,具有文件小、传输速度快、采用流式技术播放的特点，因此大大加快了下载的速度。

5. 交互性强

Flash制作人员可以轻松地为动画添加交互效果，让用户直接参与，从而极大地提高用户的兴趣，更好地满足所有用户的需要。可以通过点击、选择等动作，决定动画的运行过程和结果，这是传统动画所无法比拟的。

6. 可以跨平台播放

制作完成的Flash作品放在网页上后，不论使用哪种操作系统或平台，任何访问者看到的内容和效果都是一样的，不会因为平台的不同而有所变化。

知识2　Flash动画的应用范围

Flash是矢量图形编辑和动画创作的专业软件，将Flash技术与电视、广告、卡通和MTV等应用相结合，便可以进行各种商业推广。下面将对Flash的主要应用领域进行简单介绍。

1. 音乐MV

音乐MV可以帮助人们感知和探寻音乐作品中的美，并很好地传达音乐作品的题材、内容、风格及情绪，帮助人们深入地认识音乐作品的内容美、形式美、情绪美以及表现美。MV动画不仅能生动鲜明地表达歌曲的情意，而且唯美的画面更带给人视觉的享受，让人轻松愉悦地融入其中。图1-1所示为歌曲《荷塘月色》的MV动画。

图1-1

2. 多媒体课件

课件是Flash应用的重要领域之一。Flash课件以其生动逼真的模拟效果赢得了广大中小学教师的喜爱。也因为具有交互性强、文件体积小、使用方便等优点，而得到广泛应用，并极大地提高了教学效率。图1-2所示为利用Flash制作的课件。

> **提 示**
>
> Flash动画在创意中要以视觉语言和听觉语言为手段来烘托创意主题，体现动画效果千差万别的变化。在设计一个动画之前，应该对这个动画做好足够的分析工作，理清创作思路，拟定创作提纲。明确制作动画的目的，要制作什么样的动画，通过这个动画要达到什么样的效果，以及通过什么形式将它表现出来，同时还要考虑到不同观众的欣赏水平。做好动画的整体风格设计，突出动画的个性。

图1-2

3. 动画短片

用Flash制作的动画短片是最常见的，其题材涉及范围之广，可谓是包罗万象。动画短片具有引人注目的形式、简化的故事结构、深刻的主题、独特的韵味等特点。由于其篇幅短、创意空间大而备受青睐。图1-3所示为动画短片中的镜头，画面简单生动，让人浮想联翩。

图1-3

4. 产品广告

在各种门户网站内经常可以看到一些动感十足的产品广告，这是最近流行的一种广告形式。Flash使广告在网络上发布成为可能，同时，也可以存储为视频格式在传统的电视媒体上播放。因其一次制作、多平台发布的优势，得到了越来越多企业的青睐。图1-4所示为首饰广告和汽车广告。

图1-4

5. 电子贺卡

使用Flash制作的电子贺卡可以同时具有动画、音乐、情节等其他类型的贺卡所不具备的元素，因此Flash贺卡的流行也就成为必然趋势。目前，许多大型网站中都有专门的贺

提 示

Flash动画的宗旨是通过计算机虚拟成像过程呈现物质世界，创造用常规摄制手段所无法完成，而其结果又像实拍一样逼真的画面。艺术要源于生活而高于生活。动画的首要任务是真实反映客观现象，只有在逼真可信的情况下，剧情所需要的特殊效果才能成立，才能达到预期的效果。

卡专栏，许多专业从事贺卡制作与销售的网站也在大量制作此类贺卡。Flash贺卡题材多样、内容广泛，在技术上并不复杂，因此也有许多爱好者自己制作。图1-5所示为利用Flash制作的圣诞节贺卡。

<table>
<tr><td>

提 示

剧本策划是衡量一部Flash动画设计作品成功与否的主要标准。剧本即文字记录的剧情，主要包括人物对白、动作和场景的描述。
</td></tr>
</table>

图1-5

6. 交互式游戏

作为"人见人爱"的娱乐性应用程序，游戏正逐步占领因特网和无线网这两大阵地，许多计算机用户早已对其情有独钟，这是一种具有普遍意义的共性需求。使用Flash中的影片剪辑元件、按钮元件、图形元件制作动画，再结合运用动作脚本就能制作出精彩的Flash游戏。图1-6所示为利用Flash制作的游戏。

图1-6

7. 网络广告

最初的网络广告就是网页本身，但随着市场经济和竞争力的猛速发展，动态广告占据了更多市场，吸引了更多人的眼球。动态广告通过不同的画面，可以传递给浏览者更多的信息，也可以通过动画的运用加深浏览者的印象，它们的点击率比静态的高很多。图1-7所示为利用Flash制作的网络广告。

8. 动态网站

精美的Flash动画具有很强的视觉和听觉冲击力。为吸引客户的注意力，公司网站往往会借助Flash的精彩效果，来达到比静态页面更好的宣传效果。利用Flash还可以制作各种类型的动态网页。图1-8所示为利用Flash制作的动态网站。

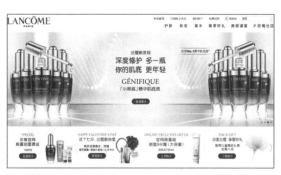

图1-7

动画角色造型设计是设计者根据故事，对人物和其他角色进行造型设计，并绘制出每个造型或角色不同角度的形态，以供其他工序的制作人员参考。

01
02
03
04
05
06
07
08
09
10
11

图1-8

知识3　Flash CS6的工作界面

Flash CS6的工作界面主要包括菜单栏、工具箱、时间轴、舞台与工作区，以及一些常用的面板等。

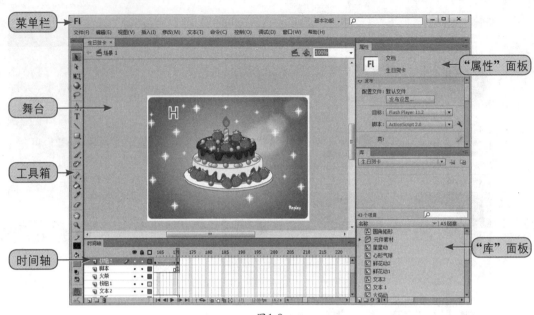

图1-9

1. 菜单栏

新版本的菜单栏最左侧是Flash的图标按钮，接着从左往右依次是"文件"、"编辑"、"视图"、"插入"、"修改"、"文本"、"命令"、"控制"、"调试"、"窗口"和"帮助"菜单项。在这些菜单中几乎可以执行Flash中的所有操作命令。

2. 舞台和工作区

舞台是用户在创建Flash文件时放置内容的矩形选区（默认为白色），只有在舞台中的对象才能够作为影片输出或打印。而工作区则是以淡灰色显示，使用工作区可以查看场景中部分或全部超出舞台的元素，在测试影片时，这些对象不会显示出来。

3. 工具箱

默认情况下，工具箱位于窗口的左侧，其中包含了选择工具、文本工具、变形工具、绘图工具以及填充颜色工具等。将鼠标指针移动到按钮之上，可显示该按钮的名称。若单击任一工具按钮，则可将其激活并使用。工具箱的位置是可以改变的，即用鼠标按住工具箱上方的空白区域便可进行随意拖拽。

4. 时间轴

时间轴由图层、帧和播放头组成，其主要用于组织和控制文档内容在一定时间内播放的帧数。时间轴面板可以分为左右两个区域：左边是图层控制区域，右边是帧控制区域，如图1-10所示。

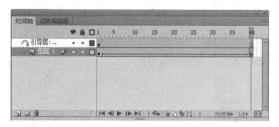

图1-10

（1）图层控制区域：用于设置整个动画的"空间"顺序，包括图层的隐藏、锁定、插入、删除等。在时间轴中，图层就像堆叠在一起的多张幻灯片，每个图层都包含一个显示在舞台中的不同图像。

（2）帧控制区：用于设置各图层中各帧的播放顺序，它由若干帧单元格构成，每一格代表一个帧，一帧又包含着若干内容，即所要显示的图片及动作。将这些图片连续播放，就能观看到一个动画影片。帧控制区的下边是帧工作区，给出各帧的属性信息。

5. 常用面板

在Flash CS6中提供了许多控制面板来帮助用户快速准确的执行特定命令。例如，"颜色"面板可以用于修改调色板并更改笔触和填充的颜色；"对齐"面板可以将对象对齐；"属性"面板是一个比较特殊的面板，单击选中不同的对象或工具时，会自动显示相应的属性面板。上述三种面板分别如图1-11所示。

图1-11

知识4　Flash CS6的基本操作

在制作Flash动画之前，了解Flash的基本操作是很有必要的。例如，Flash文档的属性设置、打开、保存以及导入素材等。

1. 文档属性的设置

设置文档属性是制作动画的第一步，在"属性"面板中

01
02
03
04
05
06
07
08
09
10
11

可以设置舞台大小、背景颜色、帧频等。下面将具体介绍文档属性的设置操作。

STEP 01 单击"属性"面板中的"编辑文档属性"按钮 ，打开如图1-12所示的"文档设置"对话框。

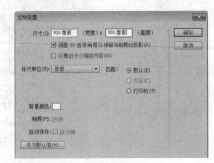

图1-12

STEP 02 从中设置相关属性后单击"确定"按钮，即可看到舞台的大小、背景颜色都发生了改变，如图1-13所示。

图1-13

提 示

可以执行"修改"→"文档"命令，或者按Ctrl + J组合键，均可打开"文档设置"对话框。

2. 打开已有文档

在Flash CS6中，打开文档的方法有很多种，使用以下任意一种方法均可打开已有的Flash文档。

- 直接在Flash的初始界面上单击"打开"按钮。
- 直接双击Flash文件的图标将其打开。
- 通过"文件"菜单打开，即执行"文件"→"打开"命令，或按Ctrl+O组合键。

3. 保存新建文档

在Flash CS6中，保存文档有多种，使用以下任意一种方法即可保存文档。

- 执行"文件"→"保存"命令。
- 执行"文件"→"另存为"命令。
- 执行"文件"→"全部保存"命令。
- 按Ctrl+S组合键。
- 按Ctrl+Shift+S组合键。

Fl 模拟制作任务

任务1 素材导入

💻 任务背景

创建Flash文档是制作Flash动画的最基本的步骤，在动画中经常会用到一些素材图片作为背景。导入背景的效果如图1-14所示。

图1-14

💻 任务要求

创建一个空白的Flash文档，命名为"Flash导入素材"。在该Flash文档中导入两张背景图片。文档尺寸设为默认值。

💻 任务分析

创建一个新的Flash文档是制作动画的必要步骤，创建文档时特别要注意的两点：一是选择文档的类型。二是设置文档的具体属性。包括舞台尺寸、帧频、背景颜色等。值得注意的是，在创建文档时一定要设置好舞台的尺寸，否则之后再修改的话会非常麻烦。

💻 重点、难点

1. 文档类型的选择。
2. 设置舞台尺寸，设置舞台背景颜色。
3. 导入素材。
4. 调整素材适合舞台大小。

💻 最终效果文件

最终效果文件在"光盘:\素材文件\模块01\任务1"目录中，操作视频文件在"光盘:\操作视频\模块01\任务1"目录中。

▣ 任务详解

1. 新建文档

STEP 01 双击桌面上的Flash CS6图标，启动Flash软件，选择需要创建的Flash文档的类型，如图1-15所示。

图1-15

STEP 02 选择文档类型为ActionScript 3.0。在舞台上右击，在其快捷菜单中执行"文档属性"命令，弹出"文档设置"对话框，根据需要设置文档的属性，如图1-16所示。

图1-16

STEP 03 "文档设置"对话框中有各种需要选择的属性：在"尺寸"文本框中使用默认值；"标尺单位"通常情况下都是使用像素为单位；在"匹配"区域选中"默认"单选按钮；"背景颜色"设置为淡蓝色方便观察；"帧频"设置为24；选中"自动保存"复选框，在后面设置时间，软件会按照设置

的时间自动保存于该Flash文档。最后单击"确定"按钮。

2. 导入图片

STEP 04 执行"文件"→"导入"→"导入到舞台"命令，弹出"导入"对话框，如图1-17所示。

图1-17

STEP 05 选择文件路径，选择"光盘:\素材文件\模块01\任务1素材"文件夹下导入名为"图片1.jpg"的素材图片。此时弹出提示对话框，如图1-18所示。

图1-18

STEP 06 单击"是"按钮，将图像序列中的所有图片导入到舞台中，并分散放在连续的帧中，如图1-19所示。

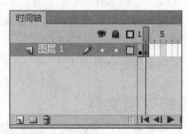

图1-19

所示。

图1-22

STEP 07 由于导入的图片过大，超出舞台的大小，所以执行"窗口"→"对齐"命令，打开"对齐"面板，如图1-20所示。勾选"与舞台对齐"复选框，在"匹配大小"区域中单击"匹配宽和高"按钮，使素材图片的宽高完全匹配舞台的尺寸大小。单击"对齐"区域中的"左对齐"和"顶对齐"按钮，使图片完全充满整个舞台。如图1-21所示。

3. 保存文件

STEP 09 执行"文件"→"另存为"命令，在弹出的对话框中选择保存文件的路径，输入文件的名称"flash导入素材"，单击"保存"按钮，如图1-23所示。

图1-23

STEP 10 将源文件保存好后，按Ctrl + Enter组合键测试文件的效果。同时也会有一个名为"Flash素材导入.swf"的文件保存在与源文件相同的路径。

图1-20

图1-21

STEP 08 选择第2帧上的图片，使用同样的方法，设置该帧上的图片的大小位置，如图1-22

Fl 知识点拓展

知识点1　将素材导入到库

素材的调用是制作Flash动画的基本技能，可以将素材导入当前文档的舞台中或库中。下面以将图片导入到库为例介绍素材导入Flash中的具体操作步骤。在Flash中不但可以导入单张图像，还可以同时导入多张图像。

STEP **01** 执行"文件"→"导入"→"导入到库"命令，打开"导入到库"对话框，如图1-24所示。

图1-24

STEP **02** 从中选择所要导入的单张图片，也可以选择多张图片，最后单击"打开"按钮返回库中即可看到导入的图像素材，如图1-25所示。

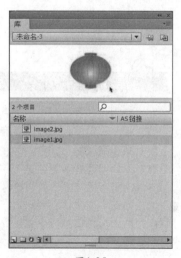

图1-25

提 示

"库"面板用于存储在Flash创作环境中创建或在文档中导入的媒体资源。在"库"面板中，可以按字母数字顺序对项目进行排序，其操作方法是：单击需排列的列标题，即将根据该列进行排序；若单击列标题右侧的　按钮，则可倒转排列顺序。

知识点2 "首选参数"对话框

执行"编辑"→"首选参数"命令，打开"首选参数"对话框，在此可以自定义一些常规操作的参数选项。其中，包含"常规"选项卡、"ActionScript"选项卡、"自动套用格式"选项卡、"剪贴板"选项卡、"绘画"选项卡、"文本"选项卡、"警告"选项卡、"PSD文件导入器"选项卡以及"AI文件导入器"选项卡。图1-26所示为"常规"选项卡的参数。

图1-26

"历史记录"面板用于将文档新建或打开以后进行的操作步骤——进行记录，便于制作者查看整个的操作过程。执行"窗口"→"其它面板"→"历史记录"命令，弹出"历史记录"面板，在文档中进行一些操作后，该面板会将这些操作按顺序进行记录。

1. 设置常规参数

（1）启动时：指定在启动应用程序时打开的文档。

（2）文档或对象层级撤消："文档层级撤消"维护一个列表，其中包含用户对整个Flash文档的所有动作。"对象层级撤消"为用户针对文档中每个对象的动作单独维护一个列表。使用"对象层级撤消"可以撤消针对某个对象的动作，而无须另外撤消针对修改时间比目标对象更近的其他对象的动作。

（3）撤消层级：若要设置撤消或重做的级别数，输入一个介于2～300之间的值。撤消级别需要消耗内存，使用的撤消级别越多，占用的系统内存就越多。默认值为100。

（4）工作区：若要在执行"控制"→"测试影片"命令时，在应用程序窗口中打开一个新的文档选项卡，选中"在选项卡中打开测试影片"复选框。默认情况是在其自己的窗口中打开测试影片。若要在单击处于图标模式中的面板外部时使用这些面板自动折叠，选中"自动折叠图标面板"复选框。

（5）使用Shift键连续选择：若要控制选择多个元素的方式，选中或取消选中"使用Shift键连续选择"复选框。如果取消选中该复选框，则单击附加元素可将它们添加到当前选项中。如果选中了"使用Shift键连续选择"复选框，单击附加元素将取消选择其他元素，若按住Shift键，则不取消。

（6）显示工具提示：当指针悬停在控件上时会显示工具提示。若要隐藏工具提示，取消选中此复选框。

（7）接触感应选择和套索工具：当使用选取工具进行拖拽时，如果选取框矩形中包括了对象的任何部分，则对象将被选中。默认情况是仅当工具的选取框矩形完全包围了对象时，才选中对象。

（8）显示3d影片剪辑的轴：在所有3d影片剪辑上显示X轴、Y轴和Z轴的重叠部分，这样就能够在舞台上轻松标识它们。

（9）基于整体范围的选择：若要在时间轴中使用基于整体范围的选择而不是默认的基于帧的选择，选中"基于整体范围的选择"复选框。

（10）场景上的命名锚记：将文档中每个场景的第一个帧作为命名锚记。命名锚记可以使用浏览器中的"前进"和"后退"按钮从一个场景跳转到另一个场景。

（11）加亮颜色：若要使用当前图层的轮廓颜色，从面板中选择一种颜色，或选中"使用图层颜色"单选按钮。

（12）打印（仅限Windows）：若要打印到PostScript打印机时禁用PostScript输出，选中"禁用PostScript"复选框。默认情况下，此复选框处于取消选择状态。如果打印到PostScript打印机有问题时，选中此复选框，但是会减慢打印速度。

2. 设置ActionScript参数

在"类别"列表框中选择ActionScript选项，可以更改对应的参数，如图1-27所示。

图1-27

> **提示**
>
> Flash动画之魂是创意，而鲜明的主题创意则是一切创作作品的灵魂。只有吸引住观众渴望探知的心，观众才会关注动画情节以下的发展。所以，Flash动画在创意时要突显立意要新、效果要奇、风格要美。

（1）自动缩进：如果启用该复选框，在左小括号"（"或左大括号"｛"之后输入的文本将按照"制表符大小"设置自动缩进。

（2）制表符大小：用于指定新行中将缩进的字符数。

（3）代码提示：在"脚本"窗口中启用代码提示。

（4）延迟：用于指定代码提示出现之前的延迟（以秒为单位）。

（5）字体：用于指定用于脚本的字体。

（6）使用动态字体映射：选择此复选框，以确保所选的字体系列可呈现每个字符。如果没有，Flash会替换上一个包含必需字符的字体系列。

（7）打开/导入：用于指定打开或导入ActionScript文件时使用的字符编码。

（8）保存/导出：用于指定保存或导出ActionScript文件时使用的字符编码。

（9）重新加载修改的文件：用于指定脚本文件被修改、移动或删除时将如何操作，有"总是"、"从不"和"提示"3个选项。

3. 设置"文本"参数

在"类别"列表框中选择"文本"选项，设置"文本"选项相对应的参数，如图1-28所示。

图1-28

（1）字体映射默认设置：可以设置系统字体映射时默认的字体。

（2）垂直文本：选中"默认文本方向"复选框，可以将默认文本方向设置为垂直，这将有助于某些语言文字的输入；选中"从右至左的文本流向"复选框，可以反转默认文本的显示方向；选中"不调整字距"复选框，可以关闭垂直字距的微调。

（3）输入方法：选中"日语和中文"单选按钮，将以日

01
02
03
04
05
06
07
08
09
10
11

语和中文作为输入法；选中“韩文”单选按钮，将以韩文作为输入法。

4．设置“警告”参数

在“类别”列表框中选择“警告”选项，可以设置“警告”首选参数，如图1-29所示。

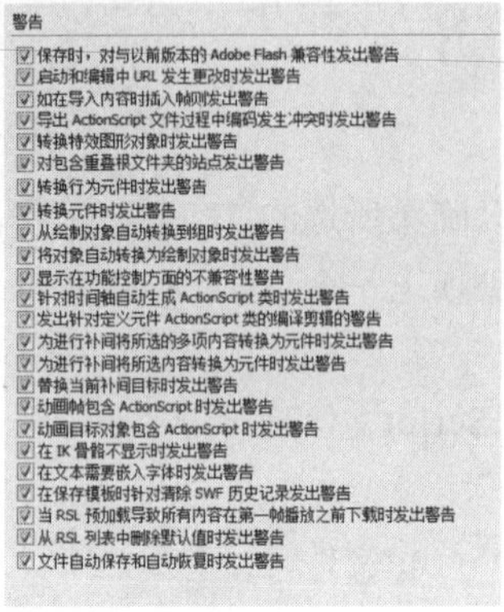

图1-29

（1）保存时，对与以前版本的Adobe Flash兼容性发出警告：表示在将包含Adobe Flash CS6创作工具的特定内容的文档保存时收到警告。

（2）启动和编辑中URL发生更改时发出警告：表示在文档的URL自上次打开和编辑以来已发生更改时收到警告。

（3）如在导入内容时插入帧则发出警告：表示在Flash将帧插入文档中以容纳导入的音频或视频文件时收到警告。

（4）导出ActionScript文件过程中编码发生冲突时发出警告：表示在选择“默认编码”时可能会导致数据丢失或出现乱码的情况下收到警告。

（5）转换特效图形对象时发出警告：表示在视图编辑已应用时间轴特效的元件时，将收到警告。

（6）对包含重叠根文件夹的站点发出警告：表示在创建本地根文件夹与另一站点重叠的站点时收到警告。

（7）转换行为元件时发出警告：表示在将具有附加行为的元件转换为其他类型的元件（如将影片剪辑转换为按钮）时收到警告。

（8）转换元件时发出警告：表示在将元件转换为其他类型的元件时收到警告。

（9）从绘制对象自动转换到组时发出警告：表示在对象绘制模式下绘制的图形对象转换为组时收到警告。

（10）显示在功能控制方面的不兼容性警告：表示针对当前FLA文件在其“发布设置”中面向的Flash Player版本所不支持的功能控制显示警告。

提 示

使用源控制系统管理和修改项目，可以轻松地实现文件协作。新的FLA文件是由一组XML文件和其他成分组成的，这些文件会被保存为压缩文件（*.fla）或者未压缩的文件夹（*.xfl）。

Fl 独立实践任务

任务2　设计企业网站标题动画

🖥 任务背景

制作一个用于放置在企业网页首部的LOGO动画，动画尺寸为833×169（像素），并导入一张背景图片，效果如图1-30所示。

🖥 任务要求

1．文件尺寸为833（宽）×169（高）。
2．选择背景图片时，要注意与网站页面保持相协调，且要便于突出公司的名称。
3．导出背景图片后，将文件保存为"门业.fla"格式。

🖥 任务参考效果图

图1-30

🖥 最终效果文件

最终效果文件在"光盘:\素材文件\模块01\任务2"目录中。

🖥 任务分析

FI 职业技能考核

一、选择题

1. Flash是一款（　　）制作软件。

    A. 影片　　　　　　B. 交互式动画　　　　C. 位图图像　　　　D. 按钮

2. Flash现在属于（　　）公司。

    A．Macromedia　　B．SUN　　　　　C．Adobe　　　　　D．Microsoft

3. Flash作品之所以在Internet上广为流传是因为采用了（　　）技术。

    A. 矢量图形和流式播放　　　　　　B. 音乐、动画、声效、交互

    C. 多图层混合　　　　　　　　　　D. 多任务

4. 舞台显示最大比例值为（　　）。

    A. 200%　　　　　　B. 800%　　　　　　C. 2000%　　　　　D. 无限

5. Flash操作界面中最重要的面板包括（　　）。

    A. 时间轴　　　　　　　　　　　　B. "属性"面板

    C. "库"面板　　　　　　　　　　D. "工具"面板

6. Flash影片最终显示的区域是（　　），放置在舞台中的内容可以是（　　）。

    A. 工作区　　　　　B. 舞台　　　　　　C. 媒体文件　　　　D. 面板

二、填空题

1. 将素材从计算机中导入到Flash软件中，除了可以导入到舞台外还可以导入到_____。

2. Flash中的时间轴分为_____和_____两个区域。

3. Flash软件主要用于处理_____图像。

4. 打开Flash文档的快捷键为_____。

5. 保存文档的快捷键为_____。

6. 修改舞台尺寸在"_____"对话框中修改。

模块

02 绘制图形

本任务效果图：

软件知识目标：

1. 能够使用线条工具绘制各种线条
2. 能够使用选择工具调整线条形状
3. 能够使用椭圆工具和矩形工具绘制简单图形
4. 能够使用铅笔工具和钢笔工具绘制各种曲线

专业知识目标：

1. 掌握工具箱中常用工具的使用方法
2. 熟悉"时间轴"面板的操作
3. 掌握路径的概念

建议课时安排： 8课时（讲课6课时，实践2课时）

Fl 知识储备

知识1 "工具（箱）"面板

　　"工具"面板（又称为工具箱）是制作Flash动画过程中使用最多的一个面板。"工具"面板中放置了可供编辑图形和文本的各种工具，利用这些工具可以进行绘图、选取、喷涂、修改及编排文字等操作，有些工具还可以改变查看工作区的方式。在选择了某一工具时，其对应的附加选项（作用是改变相应工具对图形处理的效果）也会在工具箱下面的位置出现。

　　工具箱共分为工具区、查看区、颜色区和选项区4个区域。工具箱中各工具的名称和功能如表2-1所示。

表2-1　各工具的使用说明

序号	工具	图标	说明
01	选择工具		选择图形、拖拽或改变图形形状
02	部分选取工具		选择图形、拖拽或分段选取
03	任意变形工具		变换图形形状
04	3D旋转工具		使用3D旋转和3D平移工具可使对象沿X轴、Y轴、Z轴进行三维空间的操作
05	套索工具		选择部分图像
06	钢笔工具		绘制直线和曲线
07	文本工具		创建和修改字体
08	线条工具		绘制直线条
09	椭圆工具		绘制椭圆形
10	矩形工具		绘制矩形和圆角矩形
11	铅笔工具		绘制直线和曲线
12	刷子工具		绘制闭合区域图形或线条
13	Deco工具		将创建的图形形状转换为复杂的几何图案
14	骨骼工具		可以像3D软件一样，为动画角色添加骨骼

序号	工具	图标	说明
15	墨水瓶工具		改变线条的颜色、大小和类型
16	颜料桶工具		填充和改变封闭图形的颜色
17	滴管工具		选取颜色
18	橡皮擦工具		去除选定区域的图形
19	缩放工具		缩放舞台中的图形
20	手形工具		当舞台上的内容较多时，使用该工具平移舞台以及各个部分的内容

知识2 "时间轴"面板

"时间轴"面板用于组织和控制文档内容在一定时间内播放的图层数和帧数。可以记录的内容有调用动画脚本、确定关键帧的标识名称、调整图层的叠放次序等。"时间轴"面板包括两个部分，左侧为图层操作区，右侧为帧操作区，如图2-1所示。

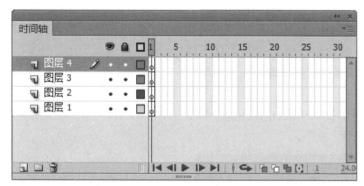

图2-1

1. 图层操作区

图层就像堆叠在一起的多张幻灯片一样，在舞台上一层层地向上叠加，上面图层中的对象会叠加在下面图层的上方，如果上面图层中没有内容，即可透过该层看到下面图层的内容。在图层操作区内，可以对图层进行创建、删除、显示和锁定等操作。

2. 编辑按钮

编辑按钮位于时间轴底部，其中包括"转到第一帧"、"后退一帧"、"播放"、"前进一帧"、"转到最后一帧"、"帧居中"、"绘图纸外观"和"编辑多个帧"等按钮，是动画创作中不可缺少的按钮。

3. 视图菜单按钮

单击"时间轴"面板右上角的按钮，打开视图菜单，如图2-2所示。在默认的状态下，帧是以标准形式显示的，在该菜单中可以修改时间轴中帧的显示方式，以控制帧单元格的宽度。

📌 提 示

执行"修改"→"文档"命令，或按下Ctrl + J组合键，在弹出的"文档属性"对话框中直接设置文档的属性。其操作步骤与通过"属性"面板设置文档属性的操作步骤基本一致，唯一的区别是使用菜单命令设置文档属性只在"文档属性"对话框中进行，而不必在"属性"面板中进行设置。

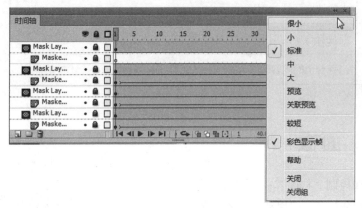

图2-2

知识3 "属性"面板

"属性"面板是一个非常实用而又特殊的面板。当选择不同的工具时，该面板中的参数会随着所选择的工具不同而不同，从而方便对所选对象的属性进行设置。在不用的时候，"属性"面板可以被隐藏；一旦需要时，可以执行"窗口"→"属性"命令，将其打开。图2-3所示分别为选择颜料桶工具和线条工具后打开的"属性"面板。

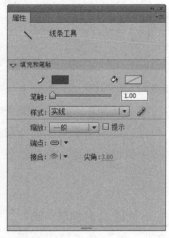

图2-3

任务1　绘制卡通小狗

💻 任务背景

在Flash中绘制图形是必不可少的，例如绘制一些花草树木、人物动物、不同风格的建筑等。绘制这些图形在制作Flash动画中是很重要的一个环节。该任务是绘制一只卡通小狗，如图2-4所示。

图2-4

💻 任务要求

使用Flash软件中的基本工具绘制一只卡通的小狗，不需要填充颜色。

💻 任务分析

可利用矩形、椭圆以及线条工具绘制图形。利用好这三种工具的不同变化和组合，可以绘制所有的图形。使用鼠标吸附，对图形做进一步的调整，使绘制的卡通狗越来越精细。

💻 重点难点

1. Flash软件中矩形、椭圆工具的应用。
2. 鼠标吸附的使用。
3. 对于Flash软件中绘制对象的理解。

💻 最终效果文件

最终效果文件在"光盘:\素材文件\模块02\任务1"目录中，操作视频文件在"光盘:\操作视频\模块02\任务1"目录中。

STEP 01 启动Flash CS6软件，新建一个空白Flash文档，按Ctrl + J组合键，弹出"文档设置"对话框，文档的属性设置为默认值，如图2-5所示。

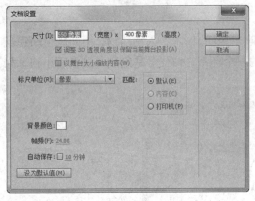

图2-5

STEP 02 单击"确定"按钮，进入场景编辑状态。按Ctrl + S组合键（或执行"文件"→"保存"命令）保存文件，选择保存的文件路径。并为文档命名为"绘制卡通狗"。

STEP 03 选择矩形工具，执行"窗口"→"属性"命令，打开矩形工具的属性面板，在该属性面板中设置笔触颜色为黑色，填充色为无，笔触高度为1，样式为实线，如图2-6所示。

图2-6

STEP 04 绘制矩形之前，一定要注意单击工具栏中"对象绘制"按钮 。目的是为了每画一个图形都是相对独立的，不会互相干扰。

STEP 05 在舞台上绘制一个矩形，根据卡通小狗的大概结构，再绘制几个矩形，选择椭圆工具，使用同样的方法绘制几个椭圆。勾勒出卡通狗的结构，如图2-7所示。

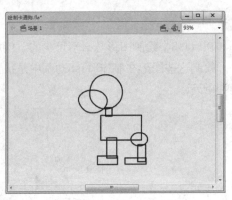

图2-7

📌 **提 示**

在用这些基本工具绘制图形时，一定不要开始就注意细节，主要摆出图形的大体结构，结构对了再修饰细节那就是水到渠成的事。使用鼠标调整线段弧线的时候一定要注意，不要选择"贴紧至对象"功能 ，会干扰调整一些准确的线条弧度。

STEP 06 移动鼠标至绘制图形的边缘，当鼠标下方出现一个弧形的线段 表示可以拖拽该处的线条弧度，调整到理想的图形。使卡通狗的结构更加细化，如图2-8所示。

图2-8

STEP **07** 继续调整线条，绘制小狗的鼻子和耳朵以及尾巴，如图2-9所示。调整耳朵时，当鼠标下方出现一个弧形的线段 ⟍ 按住Alt键，可以拖拽出一个角，如图2-10所示。绘制小狗的尾巴时，先绘制一个矩形，按A键（或选择工具栏中的部分选择工具 ⟍）选择矩形的一个端点删除，如图2-11所示。

图2-9

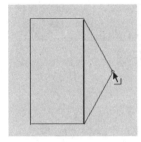 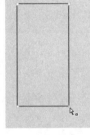

图2-10   图2-11

📌 **提示**

矩形工具 ▢ 用来绘制长方形和正方形。选择工具箱中的矩形工具 ▢，或按R键，即可调用矩形工具。选择工具箱中的矩形工具，在舞台中按住鼠标左键并拖拽，当达到合适的位置时，释放鼠标即可绘制矩形。在绘制矩形过程中，按住Shift键可以绘制正方形，如图2-12所示。

图2-12

STEP **08** 使用线条工具和椭圆工具绘制卡通狗的眼睛，由于眼睛比较小，可以在舞台空白处绘制一个相对大一点的眼睛，然后使用任意变形工具 ▤ 对绘制好的眼睛进行缩放，如图2-13所示。

图2-13

STEP **09** 将眼睛调整到合适的位置，选择舞台上所绘制的小狗，按Ctrl + B组合键打散该图形，使其成为一个整体的图形，删除不必要的线条，如图2-14所示。

图2-14

STEP **10** 绘制一个矩形，调整矩形的边缘和大小，绘制小狗的项圈。将重叠的多余线条删除，如图2-15所示。

STEP **11** 绘制小狗里面的两条腿时，可以通过简便的方法绘制。拖拽鼠标，只框选小狗的脚，此时小狗腿部的线条被选中，按Ctrl + C组合键复制该腿，再按Ctrl + V组合键粘贴该腿，拖拽至合适的位置，删除多余的线条。这样就能快捷的绘制出小狗的另外两只脚，不仅效果好，而且速度更快，如图2-16所示。

STEP 12 制作结束后保存文件。按Ctrl + Enter组合键输出并浏览所绘制的卡通小狗。

图2-15

 提　示

复制功能无论是在绘图还是制作动画的过程中都会经常用到，在绘制一些图形的时候，一定要先观察，想好那些相同的部分或者只是通过某一部分简单变化而来的。比如绘制的这只小狗，腿部是完全一样的，所以通过复制粘贴，效果比再绘制的好，并且节省时间。

在制作动画的时候，有些东西完全是之前制作过的，一定要记得复制粘贴，可以节省很多时间。

图2-16

任务2　绘制葡萄

📺 任务背景

利用矩形和圆形工具绘制一串葡萄。目的是为了练习矩形和椭圆工具的熟练使用，如图2-17所示。

图2-17

📺 任务要求

使用Flash软件中的基本工具绘制图形，并且能够熟练使用鼠标吸附，快速正确的调整出想要的图形。

🖥 任务分析

利用矩形、椭圆工具绘制图形，绘制出葡萄的树叶，然后绘制不同大小的圆，随意排列，排列出一串葡萄的形状。

🖥 重点难点

1. 葡萄叶子的绘制。
2. 鼠标吸附的应用。

🖥 最终效果文件

最终效果文件在"光盘:\素材文件\模块02\任务2"目录中，操作视频文件在"光盘:\操作视频\模块02\任务2"目录中。

🖥 任务详解

STEP**01** 启动Flash CS6软件，新建一个空白Flash文档，按Ctrl + J组合键，弹出"文档设置"对话框，文档的属性设置为默认值，如图2-18所示。

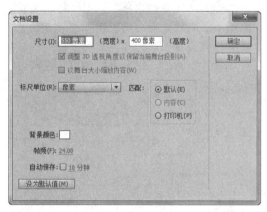

图2-18

STEP**02** 单击"确定"按钮，进入场景编辑状态。按Ctrl + S组合键（或执行"文件"→"保存"命令）保存文件，选择保存的文件路径。并为文档命名为"绘制葡萄"。

STEP**03** 选择矩形工具，执行"窗口"→"属性"命令，打开矩形工具的属性面板，在该属性面板中设置笔触颜色为黑色，填充色为无，笔触高度为1，样式为实线，如图2-19所示。

图2-19

📌 **提 示**

在新建文档时，可以利用系统自带的模板创建动画。

STEP**04** 绘制矩形之前，一定要注意点击工具栏中"对象绘制"按钮🔲。目的是为了每画一个图形都是相对独立的，不会互相干扰。

STEP**05** 在舞台上绘制一个矩形。定出葡萄叶子的位置。移动鼠标靠近线条，鼠标下方出现一个弧形的线段，按住Alt键，可以拖拽出一个角。利用同样的方法，多次进行拖拽，如图2-20所示。

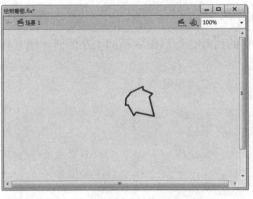

图2-20

STEP 06 移动鼠标至绘制图形的边缘，当鼠标下方出现一个弧形的线段 表示可以拖拽该处的线条弧度，调整出叶子的弧度，如图2-21所示。

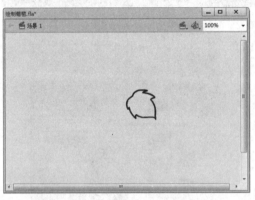

图2-21

STEP 07 利用直线工具绘制出叶子的纹理，如图2-22所示。

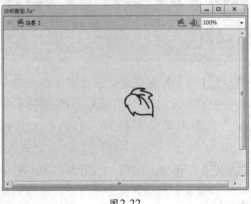

图2-22

STEP 08 利用矩形工具绘制一串葡萄的主干。利用椭圆工具在舞台上绘制两个大小不

同的圆，选择椭圆工具按住Alt键可以绘制出标准的圆形。选中这两个圆按住Alt键拖拽鼠标，可以复制这两个圆。利用任意变形工具 调整复制出来的圆的大小，使其和之前的大小不一致，如图2-23所示。

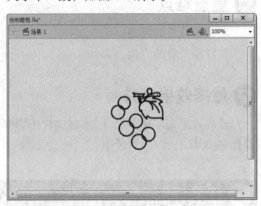

图2-23

📌 **提 示**

椭圆工具 是用来绘制椭圆或者圆形的工具，恰当地使用椭圆工具，可以绘制出各式各样简单却生动的图形。在该属性面板中，同样可以对椭圆工具的填充和笔触等进行设置。在"椭圆选项"区域中，可以设置椭圆的开始角度、结束角度和内径等，如图2-24所示。

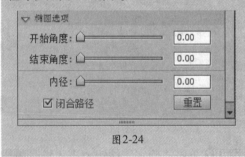

图2-24

STEP 09 利用同样的方法，多复制几个圆，选择圆形，按Ctrl+↑、↓组合键可以上下排列该圆的位置。使绘制出的葡萄有层次感，更加真实。也要注意葡萄的疏密关系，使画面看起来美观，如图2-25所示。

STEP 10 选中之前绘制好的葡萄叶子，按住Alt键拖拽，复制一个叶子。使用任意变形工具 ，对叶子进行方向的旋转和大小的调整，按Ctrl+↓组合键将复制出的叶子移至最底层，如图2-26所示。

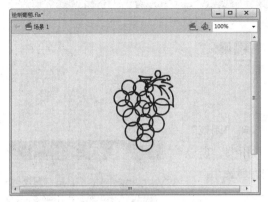

图2-25

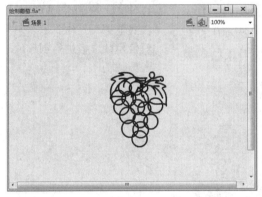

图2-26

STEP **11** 全选绘制好的葡萄，按Ctrl + B组合键将绘制好的葡萄打散，将重叠部分的线条删除。使画面干净利落，如图2-27所示。

图2-27

STEP **12** 选择刷子工具 ，在工具栏的下方，选择刷子形状为圆形，刷子的大小选择第四个。使用刷子工具在葡萄的下方点几个圆点修饰画面，如图2-28所示。

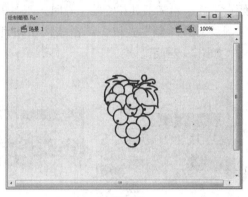

图2-28

STEP **13** 制作结束后保存文件。按Ctrl + Enter组合键输出并预览所绘制的一串葡萄。

Fl 知识点拓展

知识点1 "绘制对象"和"图形" 的区别

在刚刚接触Flash软件时，对于"绘制对象"和"图形"的理解一定要透彻，因为两种属性的图形会经常用到，所以这两种的区别要区分清楚，在之后的制作中才能方便选用。

1. 绘制对象

当按下"对象绘制"按钮后，可以直接在舞台上创建形状而不影响被覆盖图形的形状。选择线条工具、椭圆工具、矩形工具、铅笔工具和钢笔工具时，工具的辅助选项中都会出现"对象绘制"按钮，单击该按钮即可进入对象绘制模式，如图2-29所示。

图2-29

2. 绘制图形

图形则是直接在舞台上绘制的图形，在不与其他图形发生重叠时，图形是相对独立的，但是如果有图形与图形发生了重叠的地方，那么图形就会相互干扰，处于下方的图形重叠部分就会消失，如图2-30所示。

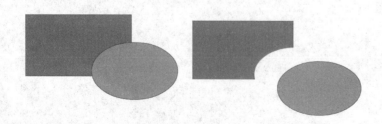

图2-30

3. "绘制对象"和"图形"的不同用途

"绘制对象"和"图形"的属性不同也决定了这两种属性有不同的用法。"绘制对象"之间不会相互干扰，一般在做复杂的点的图形时都会使用"绘制对象"，这样的话每一部分不会相互干扰，方便之后的操作。"图形"之间在下方的重叠部分会消失，所以通常会用这一特点来绘制默写特定的图形形状。

辨别"绘制对象"和"图形"的方法：选择对象后打开属性面板，属性面板最上方会显示该对象是"绘制对象"还是"图形"，如图2-31所示。

图2-31

知识点2 鼠标吸附的应用方法详解

在使用几何图形工具绘制图形时，鼠标吸附的使用必不可少。使用鼠标吸附功能最主要的是注意鼠标光标的变化，不同的光标表示鼠标的不同状态。下面以调整线段的弧度为例，如图2-33所示。

选中线段，当鼠标光标变为一个十字箭头的标志时，如图2-34所示，表示拖拽线段时，线条不会发生改变，整条线段跟随鼠标移动。

图2-33   图2-34

选中线段，当鼠标光标变为一个弧形的标志时，如图2-35所示，表示可以调整该线段的弧度，弧度调整时线段的两个端点不会发生改变。

选中线段的任意一个端点，当鼠标光标变为一个直角时，如图2-36所示，表示可以调整该端点的位置。调整一个端点则另一个端点位置不会发生改变。

提 示

基本矩形工具或基本椭圆工具和矩形工具或椭圆工具的作用是一样的，但是前者在创建形状时与后者又有所不同，Flash CS6会将形状绘制为独立的对象。创建基本形状后，可以选择舞台上的形状，然后调整属性检查器中的控件来更改半径和尺寸。在使用基本矩形工具拖拽时，通过按↑方向键和↓方向键改变圆角的半径。

在矩形工具□上单击并按住鼠标左键，然后在弹出的菜单中选择基本椭圆工具◯，在舞台上拖拽基本椭圆工具，即可绘制基本椭圆，通过按住Shift键并拖拽鼠标，释放鼠标即可绘制正圆。此时绘制的图形有节点，可以直接拖拽节点或在属性面板的椭圆选项中设置参数，即可改变形状，如图2-32所示。

图2-32

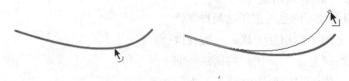

图2-35 图2-36

选中线段中间，当光标变为一个弧形标志时，同时按住Alt键，如图2-37所示，表示该线段可以被拖拽出一个角。

选择一个曲线线段，如果想将该线段调整的圆滑一些，那么选中该线段，点击工具箱下方的平滑按钮 ，如图2-38所示，使不平滑曲线变得圆滑。

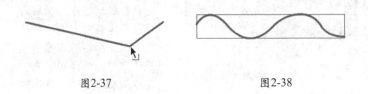

图2-37 图2-38

知识点3 线条工具的使用方法详解

线条工具是Flash CS6软件中最基本的工具之一，很多地方都会使用到线条工具。在舞台上绘制一条直线，打开线条工具的属性面板，如图2-39所示。

属性面板中"笔触颜色"选项 用于设置直线的颜色，单击它可以打开"颜色"面板，进行颜色的选择，如图2-40所示。

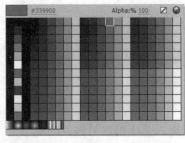

图2-39 图2-40

"笔触"选项用于调整选段的粗细，可以拖拽滑块 调整，或者直接在后面输入需要的线条粗细值。

"样式"选项用于调整线段的外观，单击其右侧的下拉按钮，在弹出的下拉列表中有不同的样式可以选择，如图2-41所示。单击"样式"文本框右侧的小铅笔按钮 🖊，会弹出"笔触样式"对话框，如图2-42所示。在该对话框中可以调整线段样式的细节。

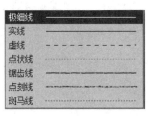

图2-41

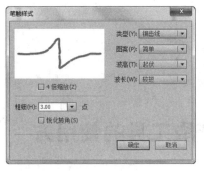

图2-42

"端点"选项用于调整线段端点的样式，有三种状态可以选择，如图2-43所示。

"接合"选项用于线段与线段连接时调整连接处的连接点的样式，有三种状态可以选择，如图2-44所示。

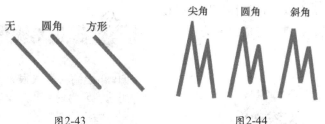

图2-43   图2-44

选择线条工具，工具栏下方有两个辅助工具，其中一个为"对象绘制"按钮 ⚪，单击该按钮，当该按钮为选中状态下，绘制的直线都是被一个蓝色的矩形框起来，表示该线段为"绘制对象"，相对独立，不会和另一条线段连接，如图2-45所示。

> **提示**
>
> 线条工具是专门用来绘制直线的工具，是Flash中最简单的绘图工具。使用线条工具可以绘制出各种直线图形，并且可以选择直线的样式、粗细程度和颜色等。

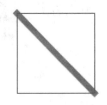

图2-45

另一个辅助工具为"贴紧至对象"按钮 🧲，该工具主要用于两个线段需要连接时，使用该按钮只要将两个线段的端点靠近，就可以轻松地吸附上去，当连接处出现一个小圆圈时，表示线段连接成功，如图2-46所示。

图2-46

知识点4　部分选取工具的使用方法详解

　　部分选取工具 和选择工具还是有很大的区别，部分选取工具的用途一般是用来选取图形上的点，使用部分选取工具选择图形，图形上会被绿色线条包裹，图形的每个点也被标注出来，如图2-47所示。

　　图中的五边形被选中，并且五个顶点都被标注出来，使用部分选取工具点选其中一个点，该点会变成绿色的小点，如图2-48所示。

图2-47　　　　　　　　图2-48

　　选中某顶点，按下Delete键，就可以将该点删除，软件就会自动默认以该处没有点来进行处理，如图2-49所示。

　　删除点之后，如果剩余的点不够组成一个图形，那么将不能再删除图形上的点，如图2-50所示。

提 示

　　"对象绘制"功能在Flash绘制中有着很大的用途。因为使用"对象绘制"绘制的图形不会相互干扰，是相对独立的图形。虽然"组"也是一种相对独立的图形，但是在绘制的时候没有"对象绘制"方便。在调整图形和着色方面，"对象绘制"可以直接操作，而"组"则要双击进入"组"中才能进行操作。

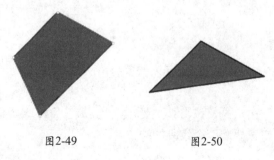

图2-49　　　　　　　　图2-50

Fl 独立实践任务

任务3 绘制甲壳虫

🖳 任务背景

利用Flash中的椭圆工具绘制甲虫，只用这一种工具可以绘制出一个相对精细的甲虫。使用Flash中的基本工具绘制图形的难点在于鼠标吸附线段的调整。而圆形相对调整更加困难，但是调整好的效果比矩形更有卡通的感觉，如图2-51所示。

图2-51

🖳 任务要求

使用Flash软件中的基本工具绘制图形，并且能够熟练使用鼠标吸附，快速正确地调整出想要的图形。

🖳 最终效果文件

最终效果文件在"光盘:\素材文件\模块02\任务3"目录中。

🖳 任务分析

一、选择题

1. 使用（　　）工具可以选取和移动对象。
   A. 铅笔　　　　　　B. 钢笔　　　　　　C. 选择　　　　　　D. 任意变形

2. 绘制椭圆时按住（　　）键，可以绘制出圆。
   A. Shift　　　　　　B. Alt　　　　　　C. Alt + Shift　　　　D. Del

3. "时间轴"面板包括两个操作区：（　　）和（　　）操作区。
   A. 图层　　　　　　B. 按钮　　　　　　C. 视图　　　　　　D. 帧

4. 在Flash中，使用任意变形工具可以（　　）对象和（　　）对象。
   A. 选择　　　　　　B. 旋转和变形　　　C. 绘制　　　　　　D. 缩放和扭曲

5. 以下（　　）工具可以对图形进行变形操作。
   A. 选择工具　　　　　　　　　　　　B. 部分选取工具
   C. 橡皮擦工具　　　　　　　　　　　D. 任意变形工具

6. 要从一个比较复杂的图像中选取不规则的一小部分图形，应该使用（　　）工具。
   A. 选择　　　　　　B. 套索　　　　　　C. 滴管　　　　　　D. 颜料桶

二、填空题

1. 绘制直线时，按住＿＿＿＿＿＿键可以绘制出垂直和水平的直线。

2. 如果需要绘制一组复杂的图形，并且希望方便之后的操作，那么绘制的时候需要使用＿＿＿＿＿＿来绘制。

3. 在制作动画时，如果需要对某些对象进行精确定位，可以使用标尺、＿＿＿＿＿＿、＿＿＿＿＿＿辅助工具。

4. 在"刷子模式"下拉菜单中，在舞台上同一层中的空白区域填充颜色，不会影响对象的轮廓和填充部分的是＿＿＿＿＿＿模式。

5. 为了保持图形之间不相互干扰，通常在绘制之前需要单击＿＿＿＿＿＿按钮。

6. 在一条选段之间想要拖拽出一个点，按住＿＿＿＿＿＿键拖拽即可。

7. 绘制正方形时，按住＿＿＿＿＿＿键，可以绘制出标准的正方形。

8. 若需要将"绘制对象"分离，则应使用的快捷键为＿＿＿＿＿＿。

模块

03 编辑图形

本任务效果图：

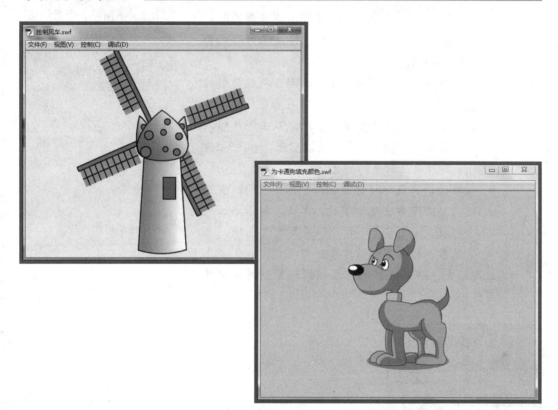

软件知识目标：

1. 能够使用各种填充工具为所绘图形上色
2. 能够使用填充面板为图形填充不同类型的颜色
3. 能够使用渐变变形工具调整图形

专业知识目标：

1. 掌握工具箱中填充工具的使用方法
2. 掌握"颜色"面板的应用
3. 掌握"变形"面板的应用

建议课时安排： 6课时（讲课4课时，实践2课时）

FI 知识储备

知识1 "颜色"面板

执行"窗口"→"颜色"命令，即可打开"颜色"面板，如图3-1所示。该面板可以为所绘制的图形设置填充样式和颜色，单击"颜色类型"下拉按钮，弹出颜色类型下拉列表，其中包括：无、纯色、线性渐变、径向渐变和位图填充共5种填充类型。

提示

绘制物体的时候要经常使用组合，这样绘制物体会有条理，在后期制作时也会很简单。但是不要过多的使用组合，过多的组合将会给电脑增加很多负担，导致系统崩溃。

- 线性渐变：颜色从起始点到终点沿直线逐渐变化。
- 径向渐变：颜色从起始点到终点按照环形模式由内向外逐渐变化。
  - ◆ 当选择填充色为渐变类型时，渐变色编辑栏的左、右各有一个"小色标"（也称色块），该色标是用来改变关键点颜色的。双击小色标，可在弹出的"拾色器"中选取颜色，如图3-2所示，即可改变对象的颜色。
  - ◆ 编辑时，将鼠标指针放在两个色标中间，当鼠标指针右下方出现十字时，单击，即可添加一个色标，如图3-3所示。如果要删除色标，只需拖拽色标向下移动即可。
- 位图填充：将所选择的位图图形填充到所选定的图形中。

图3-1

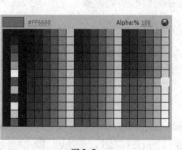

图3-2

图3-3

知识2 "变形"面板

执行"窗口"→"变形"命令,即可打开"变形"面板,如图3-4所示。该面板主要用于对选定对象执行缩放、旋转、倾斜和3D旋转等操作。

- 伸缩比例:在后面的文本框中输入水平方向和垂直方向的伸缩比例,可以缩放所选定的对象。
- "约束"按钮:可以使所选择的对象按原来的尺寸在"水平"和"垂直"方向上,成比例地进行缩放。
- "旋转"单选按钮:选中该单选按钮后,在后边的文本框中输入需要旋转的角度,可以旋转所选定的对象。
- "倾斜"单选按钮:选中该单选按钮后,在后边的文本框中输入水平方向和垂直方向需要倾斜的角度,可以倾斜所选定的对象。
- Z轴的坐标值,可以旋转所选中的3D对象。
- 3D中心点:通过设置,可以移动3D对象的旋转中心点。
- "重制选区和变形"按钮:可执行变形操作,并且可复制对象的副本。

提 示

使用变形工具放大或缩小图形时,要注意中心点的位置,这是因为变形是根据中心点来进行放大或缩小的。

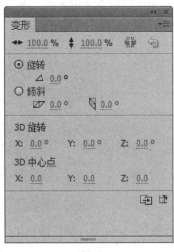

图3-4

Fl 模拟制作任务

任务1 绘制风车

🖥 任务背景

用所学过的工具绘制一组风车，如图3-5所示。

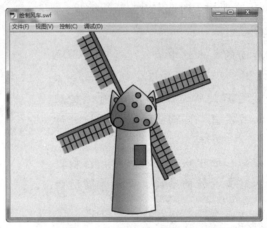

图3-5

🖥 任务要求

使用矩形工具绘制一组风车；风车的扇叶绘制一个后进行复制，并使用任意变形工具将其旋转；颜色要求具有卡通风格。

🖥 任务分析

利用Flash中的工具为绘制的对象填充颜色是制作动画必不可少的一个环节。颜色的搭配使用看似简单，但是要是想搭配的比较好看、舒服，需要平时不断的积累。

🖥 重点、难点

1. 使用矩形工具绘制风车的形状。
2. 渐变颜色的使用。
3. 风车扇叶的绘制。
4. 复制图形和任意变形工具的使用。

🖥 最终效果文件

最终效果文件在"光盘:\素材文件\模块03\任务1"目录中，操作视频文件在"光盘:\操作视频\模块03\任务1"目录中。

任务详解

STEP 01 启动Flash CS6软件，新建一个空白Flash文档，按Ctrl + J组合键，弹出"文档设置"对话框，文档的属性设置为默认值，如图3-6所示。

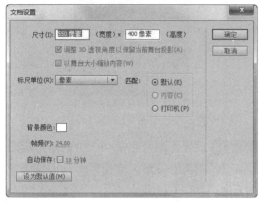

图3-6

STEP 02 单击"确定"按钮，进入场景编辑状态。按Ctrl + S组合键（或执行"文件"→"保存"命令）保存文件，选择保存的文件路径，并为文档命名为"绘制风车"。

STEP 03 选择矩形工具，执行"窗口"→"属性"命令，打开矩形工具的属性面板，在该属性面板中设置笔触颜色为黑色，填充色为#FFCC66，笔触高度为2，样式为实线，如图3-7所示。

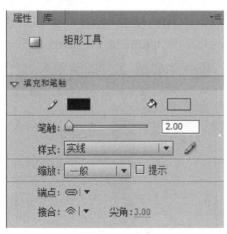

图3-7

> **提示**
>
> 新建的Flash文档，系统默认的名称为"未命名-1"。此时的文档没有保存的路径，所以在第一次按Ctrl + S组合键保存文档时，系统会弹出对话框让用户设置该文档的保存路径，之后的保存操作都保存在这个文件路径上。如果想要保存在其他路径，则需执行"文件"→"另存为"命令，选择保存新的文件路径。

STEP 04 在舞台上绘制一个矩形。使用同样的方法选择矩形工具，在该属性面板中设置笔触颜色为黑色，填充色为#FC69BD，笔触高度为2，样式为实线。在舞台上继续绘制一个矩形，如图3-8所示。

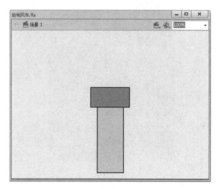

图3-8

STEP 05 使用鼠标吸附功能，调整矩形的弧度，选择上方的矩形，按住Alt键拖拽出一个角，调整出风车底座的形状，如图3-9所示。

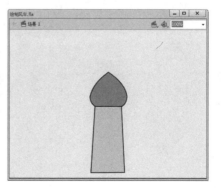

图3-9

STEP 06 执行"窗口"→"颜色"命令，打开"颜色"面板，颜色类型设置为线性渐变，如图3-10所示。

图3-10

STEP 07 在"颜色"面板中设置渐变色，将左边的色块颜色设置为#CC9606，将右边的色块颜色设置为#FFFF00，如图3-11所示。

图3-11

STEP 08 设置好渐变色后为下方的矩形填充渐变色，按F键使用渐变变形工具调整渐变的方向，如图3-12所示。

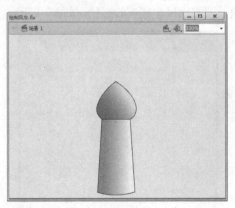

图3-12

STEP 09 打开"颜色"面板，设置填充方式为线性渐变，设置渐变色：将左边的色块颜色设置为#DA2CDA，将右边的色块颜色设置为#FBE1EF，如图3-13所示。

图3-13

STEP 10 设置好渐变色后为上方的矩形填充渐变色，按F键使用渐变变形工具调整渐变的方向，如图3-14所示。

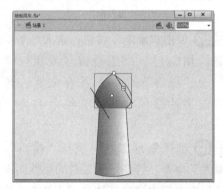

图3-14

STEP 11 绘制一个三角形，调整其弧度，填充颜色设置为渐变色，颜色设置和矩形一致。使用椭圆工具绘制几个圆形，使用矩形工具绘制一个矩形，作为风车的窗户，如图3-15所示。

图3-15

STEP 12 使用矩形工具绘制风车的扇叶，使用线条工具绘制风车扇叶的纹理，如图3-16所示。

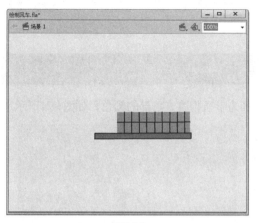

图3-16

STEP 13 选择绘制扇叶，按住Alt键拖拽出三个风车扇叶，使用任意变形工具旋转扇叶，排列四个扇叶拼凑成一个风车的形状，如图3-17所示。

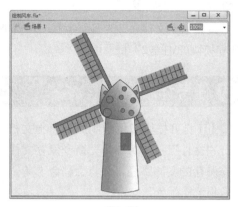

图3-17

STEP 14 制作结束后按Ctrl + S组合键（或执行"文件"→"保存"命令）保存文件，按Ctrl + Enter组合键输出并浏览所绘制的风车。

注意

在绘制这些有可能活动的物体时，比如这个风车的扇叶，在动画中有可能需要扇叶在不停的转动，所以在绘制图形的时候就要考虑到，将扇叶单独的制作出来，如果和风车绘制在一起，那么在制作动画时还要重新将扇叶分离出来，这样的反工重做量巨大。所以前期的工作是至关重要的。

任务2 为卡通狗填充颜色

任务背景

为模块02任务2中所绘制的卡通狗填充颜色，效果如图3-18所示。

任务要求

为卡通狗填充颜色，要求使用纯色填充，使用纯色表现卡通狗的体积，绘制出亮部和暗部。

图3-18

任务分析

Flash中颜色的填充方式有多种，最常用的是纯色填充、线性渐变填充和径向渐变填充。使用纯色填充，首先需要分别出卡通狗的亮部和暗部。

重点、难点

1.区分出卡通狗的亮部和暗部。

2. 卡通狗眼睛细节的表达。

💻 最终效果文件

最终效果文件在"光盘:\素材文件\模块03\任务2"目录中,操作视频文件在"光盘:\操作视频\模块03\任务2"目录中。

💻 任务详解

STEP 01 打开模块02所绘制的卡通狗文档。执行"文件"→"另存为"命令保存文件,选择保存的文件路径,并将文档命名为"为卡通狗填充颜色"。

STEP 02 选择铅笔工具,在"属性"面板中设置铅笔的属性,笔触颜色设置为红色,笔触设置为1,样式为实线,如图3-19所示。

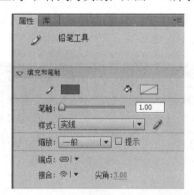

图3-19

STEP 03 使用铅笔工具,勾画出卡通狗的明暗分界线,如图3-20所示。

图3-20

STEP 04 使用油漆桶工具,在"属性"面板中设置油漆桶的颜色为#BE76EF,使用油漆

桶为卡通狗填充暗部的颜色,如图3-21所示。

图3-21

STEP 05 使用油漆桶工具,在"属性"面板中设置油漆桶的颜色为#DBB5F0,使用油漆桶为卡通狗填充亮部的颜色,如图3-22所示。

图3-22

接下来制作卡通狗的细节部分,所谓细节决定成败,所以说细节部分才是最重要的部分,需要精细的制作。

判断卡通狗的细节。所谓的细节部分,就是能表现出卡通狗的神态的部分,当然是眼睛、鼻子,这是头上的细节,还有身上的细节是狗脖子上带的项圈。

STEP 06 使用油漆桶工具,在"属性"面板中设置油漆桶的颜色为白色,使用油漆桶为卡通狗的眼睛填充颜色,如图3-23所示。

图3-23

STEP 07 使用椭圆工具,在属性面板中设置填充颜色为黑色,笔触颜色设置为无。使用椭圆工具,绘制两个椭圆作为卡通狗的黑眼球。使用油漆桶工具,在"属性"面板中设置油漆桶的颜色为黑色,使用油漆桶为卡通狗的鼻子填充颜色,如图3-24所示。

图3-24

STEP 08 使用椭圆工具,在"属性"面板中设置填充颜色为白色,笔触颜色设置为无。使用椭圆工具,绘制三个椭圆作为卡通狗的

眼睛高光和鼻子的高光,如图3-25所示。

图3-25

STEP 09 使用油漆桶工具,在"属性"面板中设置油漆桶的颜色为#FF9900,使用油漆桶为卡通狗的项圈暗部填充颜色。在"属性"面板中设置油漆桶的颜色为#FFCA79,使用油漆桶为卡通狗的项圈亮部填充颜色,如图3-26所示。

图3-26

STEP 10 使用选择工具,双击每一条红色线条,选中红色线条删除,如图3-27所示。制作结束后按Ctrl + S组合键(或执行"文件"→"保存"命令)保存文件。

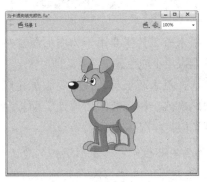

图3-27

Fl 知识点拓展

知识点1 颜料桶工具

颜料桶工具 ◇ 主要用于颜色的填充，还可以用来更改已经填充好的颜色。填充的方式有纯色填充和渐变填充以及位图填充。

选择颜料桶工具，在工作区域光标变成一个小油漆桶，在需要填充的图形中单击一下，完成图形的颜色填充。只用这种填充方式的图形一定要求是闭合的图形。

如果图形没有完全的闭合，选择颜料桶工具，并单击工具箱下方的"空隙大小"下拉按钮 ◎ 。弹出的下拉列表中有4个不同的选项，如图3-28所示。

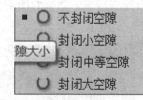

图3-28

> **提示**
>
> 空隙大小的工具也有限度，对于有过于大的空隙的图形，应该手动将图形空隙封闭，再进行颜色的填充。

- 不封闭空隙：只对完全封闭的图形进行填充。
- 封闭小空隙：在空隙比较小的情况下，Flash会将其视为封闭图形进行填充。
- 封闭中等空隙：在空隙大小中等的情况下，Flash会将其视为封闭图形进行填充。
- 封闭大空隙：在空隙较大的情况下，Flash会将其视为封闭图形进行填充。

知识点2 墨水瓶工具

墨水瓶工具主要用于为图形添加轮廓线，但是墨水瓶工具只能应用于纯色。

选择墨水瓶工具，在需要添加轮廓线的图形上单击即可添加轮廓线。墨水瓶的"属性"面板和线条工具的"属性"面板类似，如图3-29所示。

- 笔触颜色：为图形添加的轮廓线的颜色。
- 笔触：为图形添加轮廓线的粗细度。

- 样式：为图形添加轮廓的样式，单击该文本框右侧的下拉按钮，弹出的下拉列表中有不同的样式可供选择。

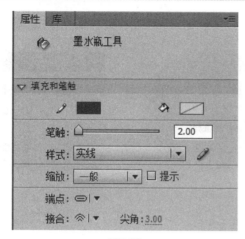

图3-29

知识点3　渐变变形工具

渐变变形工具主要是在为图形填充渐变的颜色后，使用该工具对渐变颜色的方向、范围、中心位置的调整。

使用渐变变形工具，快捷键为F。图3-30所示为在一个使用渐变色填充的图形中，使用渐变变形工具填充如黄色到蓝色的渐变。

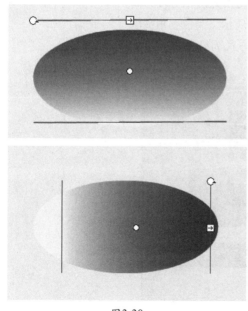

图3-30

提示

渐变色的使用很有难度，要把握好并不容易，要多加练习。如果可以的话，还是使用色块来表示明暗，这样会更加鲜明。使用渐变填充只是在某些特定的条件下使用，比如绘制金属的质感。

- 拖拽□图标控制渐变的范围。
- 旋转⌒图标控制渐变的方向。
- 拖拽◉图标控制渐变的中心点。

图3-31所示为蓝色到紫色的径向渐变。

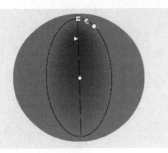 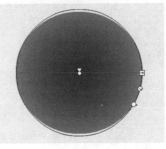

图3-31

- 拖拽◲图标控制径向渐变的形状。
- 拖拽◔图标控制径向渐变的范围。
- 旋转◳图标控制径向渐变的方向。
- 拖拽⊞图标控制径向渐变的中心点。

知识点4　填充颜色的方法详解

在Flash CS6中有四种不同的颜色填充方式，分别为纯色填充、线性渐变填充、径向渐变填充以及位图填充。

1. 纯色填充

纯色填充方式在Flash中最为常见，使用方法相对较为简单。在舞台上绘制一个五角星，如图3-32所示。为该五角星填充颜色，打开"颜色"面板，选择填充方式为纯色填充，如图3-33所示。

> **提 示**
>
> 在绘制些很相似的东西时，经常使用复制、粘贴或是水平翻转、垂直翻转命令，这将会使绘制出的物体很协调，也会使速度加快。

图3-32

图3-33

打开"颜色"面板后，单击油漆桶图标后面的色块，打开拾色器选取需要的颜色如图3-34所示，使用油漆桶工具为五角星填充颜色，如图3-35所示。

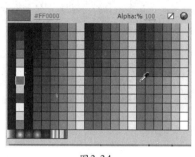

图3-34　　　　　　　　　　　图3-35

2. 线性渐变填充

　　线性渐变填充方法相对较难掌握，并不是填充的方法较难掌握而是调整到想要的渐变效果很难，所以要大量的练习。打开"颜色"面板，选择线性渐变填充方式，如图3-36所示。双击"颜色"面板下方的左右两个小游标，可以打开拾色器，选择不同的颜色，软件就会自动生成这两种过渡的渐变。渐变色同样支持多种颜色之间的渐变，只要将鼠标停靠在两个小游标之间，光标发生变化，出现一个小加号，单击鼠标添加。选择颜色后对五角星进行填充，如图3-37所示。

图3-36　　　　　　　　　　　图3-37

　　线性渐变填充后可以使用渐变变形工具调整渐变色的一些细节。渐变变形工具的使用方法之前有过介绍。

3. 径向渐变填充

　　径向渐变填充方法也较难掌握，调整到想要的渐变效果很难，需要大量的练习。打开"颜色"面板，选择径向渐变填充方式，如图3-38所示。双击"颜色"面板下方的左右两个小游标，可以打开拾色器，选择不同的颜色，软件就会自动生成这两种过渡的渐变。渐变色同样支持多种颜色之间的渐变，只要将鼠标停靠在两个小游标之间，光标发生变化，出现一个小加号，单击鼠标添加。选择颜色后对五角星进行填充，如图3-39所示。

图3-38

图3-39

径向渐变填充后可以使用渐变变形工具调整渐变色的一些细节。

4. 位图填充

位图填充方式在Flash中很少使用到，一般来说就是用于填充一些矢量图片难以做到的材质图片，比如制作衣服时需要绘制衣服较为复杂的图案，此时就可以使用位图填充。再比如，墙壁的壁纸，也可以使用位图填充。

打开"颜色"面板，选择位图填充方式，软件会自动弹出导入位图的对话框，如图3-40所示。

图3-40

选择文件路径，单击"打开"按钮，软件默认将位图导入到库中。此时"颜色"面板就会变成如图3-41所示的样子。选择该位图填充后，为五角星填充颜色，如图3-42所示。

图3-41

图3-42

提 示

在绘制物体时，不妨根据情况适时地将轮廓线加粗，这样绘制出的物体看起来效果会比细线条美观一些。

位图填充后可以使用渐变变形工具调整填充色的一些细节。使用方法和调整线性渐变方法类似。

上述的四种不同类型的填充方式都是对油漆桶的颜色改变，但是这些填充方式对于线条来说同样适用，填充方法和油漆桶的一致。只要打开"颜色"面板，选择铅笔图标后面的色块 ，就是对线条颜色的选择，如图3-43所示。四种填充方式都适合线条颜色的填充。选择径向渐变颜色对五角星的线条填色，如图3-44所示。

图3-43

图3-44

知识点5　刷子工具使用方法详解

在Flash CS6中，刷子工具 相对比较特殊，可以用来绘制图形，也可以用来上色。选择刷子工具，工具箱下方会出现刷子模式辅助工具，有五种不同的刷子模式用于不同的情况。

- 标准绘画：标准绘画是一种最常见的绘画方式，默认的绘制状态就是标准绘画，如图3-45所示。
- 颜料填充：颜料填充适用于为图形填充颜色，使用这个工具可以放心大胆的填充颜色，因为使用该工具在图形外部的颜色不会涂上去，只有在图形内部才会填充色，如图3-46所示。

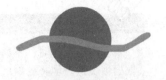

图3-45

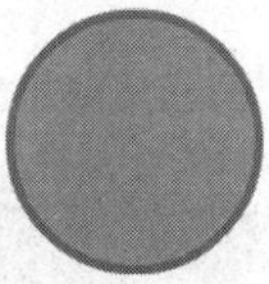

图3-46

- 后面绘画：在使用刷子工具绘画时，使用“后面绘画”模式，刷子经过图形时不会对图形有影响，而是绘制在图形的后面，如图3-47所示。
- 颜料选择：该功能通常运用的极少。要使用选择工具或者套索工具选择出一块区域，再使用刷子工具绘制，只有在这片区域内刷子工具才能起作用，如图3-48所示。

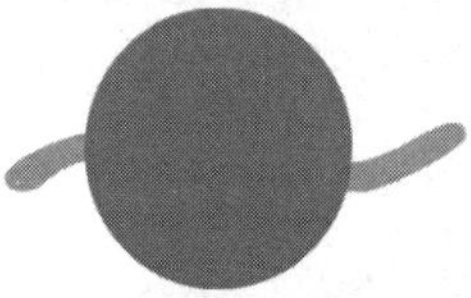

图3-47

图3-48

- 内部绘画：只要刷子的起点是在图形的内部，那么只要是在图形内部的颜色全部保留，在图形外的颜色都视为无效。如果起点在图形外部，那么正好相反，在图形外的颜色保留，在图形内的颜色视为无效，如图3-49所示。

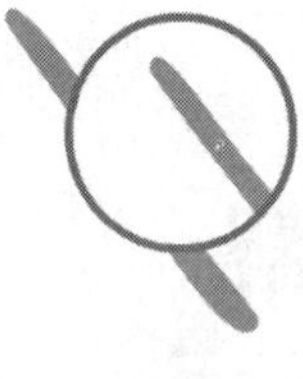

图3-49

提 示

橡皮擦工具在很多时候使用起来非常方便，比如：某一条直线上的一小段线条需要清除，使用鼠标选择线段时会将整个直线选中，而使用橡皮擦工具可以擦出其中的线条。

知识点6　滴管工具使用方法详解

在Flash中滴管工具的使用较为频繁，滴管的主要功能是用于吸取颜色，只要是在Flash中的所有颜色，滴管工具都能吸取。

在舞台上有图形的时候，想要使用图形上的颜色可以使用滴管工具，使用滴管工具吸取填充颜色时，光标会出现一个小刷子，点击鼠标吸取颜色，如图3-50所示。

当使用滴管工具吸取线条的颜色时，光标变成一个小铅笔，点击鼠标吸取颜色，如图3-51所示。

01
02
03
04
05
06
07
08
09
10
11

提 示

在使用滴管工具吸取颜色时，可以吸取舞台上的颜色。但如果想要吸取一个组合或者元件中的某一颜色时，使用快捷键（快捷键为I）吸取颜色是不会成功的，只能直接吸取形状或者绘制对象的颜色。

图3-50

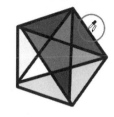

图3-51

使用滴管工具吸取颜色成功后，在"颜色"面板中可以直观的看到，如图3-50所示吸取的填充色为红色，打开"颜色"面板查看填充色，如图3-52所示。

同样，使用滴管工具吸取线条色，打开"颜色"面板查看线条颜色，如图3-53所示。

图3-52

图3-53

滴管工具在选择颜色的时候，即使不专门选择滴管工具，软件也会使用滴管来吸取颜色，比如，单击工具箱的"填充颜色"按钮，软件会自动弹出拾色器，此时软件也会自动使用滴管工具来拾取颜色，不仅在拾色器上吸取整个软件所有的区域颜色都可以吸取，如图3-54所示。

在使用渐变颜色填充时，选择渐变颜色的同时，软件也会自动使用滴管工具进行吸取颜色。

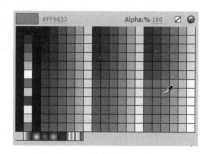

图3-54

Fl 独立实践任务

任务3　绘制苹果

🖳 任务背景

利用所学的绘制图形方法和颜色填充方法，绘制一个苹果，并为其填充颜色，如图3-55所示。

图3-55

🖳 任务要求

绘制一个青苹果，要求色泽光鲜亮丽。能够体现出青苹果的青涩感和新鲜感。

🖳 最终效果文件

最终效果文件在"光盘:\素材文件\模块03\任务3"目录中。

🖳 任务分析

一、选择题

1. 墨水瓶工具可应用于（　）。

    A. 渐变色　　　　　B. 纯色　　　　　C. 位图　　　　　D. 矢量图

2. 颜料桶工具主要用于（　）的填充。

    A. 笔触　　　　　　B. 闭合区域　　　　C. 擦除线条　　　　D. 非闭合区域

3. 渐变变形工具可改变填充的（　）。

    A. 渐变色的明亮度　　　　　　　B. 渐变颜色

    C. 位图的大小　　　　　　　　　D. 纯色的颜色

4. 在"颜色"面板中可以设置的颜色类型分别为（　）。

    A. 径向渐变　　　　B. 纯色　　　　　C. 矢量图　　　　　D. 线性渐变

5. Flash中的素材都被放置在（　）内。

    A. "库"面板　　　　　　　　　　B. "属性"面板

    C. "颜色"面板　　　　　　　　　D. "历史记录"面板

二、填空题

1. 墨水瓶工具的使用方法有＿＿＿＿＿＿＿＿＿＿＿＿＿＿＿＿＿＿＿＿＿＿＿。

2. 在使用线性渐变和径向渐变填充颜色时，要使用渐变变形工具。渐变变形工具的快捷键为＿＿＿＿＿＿＿＿。

3. 使用＿＿＿＿＿＿＿工具可以填充有效缝隙的未封闭的图形。

4. 打开"变形"面板的方法为＿＿＿＿＿＿＿＿＿＿＿＿＿＿＿＿＿＿。

5. 墨水瓶工具的快捷键为＿＿＿＿＿＿＿＿。

6. 填充颜色有＿＿＿＿＿＿＿、＿＿＿＿＿＿＿、＿＿＿＿＿＿＿、＿＿＿＿＿＿＿四种类型。

7. 在Flash CS6中，工具箱提供了图形绘制和编辑的各种工具，分为＿＿＿＿＿＿＿、＿＿＿＿＿＿＿、＿＿＿＿＿＿＿、＿＿＿＿＿＿＿四个功能区。

8. 启动中文版Flash CS6后，首先进入的是＿＿＿＿＿＿＿＿界面，用户通过＿＿＿＿＿＿＿才能进入Flash的工作界面。

模块

04 特殊效果的文本

本任务效果图：

软件知识目标：

1. 能够正确辨识文本的类型
2. 能够创建各种类型的文本
3. 能够添加文本滤镜

专业知识目标：

1. 掌握文本的创建方法
2. 掌握文本属性的设置技巧
3. 掌握如何为文本添加特殊效果

建议课时安排： 6课时（讲课4课时，实践2课时）

知识1 文本的类型

在Flash CS6中，可以创建3种类型的传统文本，即静态文本、动态文本和输入文本。一般情况下默认的是静态文本。

1. 静态文本

使用文本工具创建的文本为静态文本，该文本在影片播放过程中是不可以被修改的。

要创建静态文本，首先在工具箱中选择文本工具，然后在舞台中单击鼠标左键，在文本框中输入文本（也可以在舞台中拉出一个固定大小的文本框，在其中输入文本）。书写好的静态文本是没有边框的，如图4-1（上左图）所示。

2. 动态文本

动态文本是一种可编辑文本。动态文本框中的内容既可在影片制作过程中输入，也可以在影片播放过程中通过事件的激发进行输入，其中的奥妙是使用脚本语言对动态文本框中的文本进行了控制。

创建动态文本，在选择文本工具后，打开"属性"面板，在该面板的"文本类型"下拉列表中选择"动态文本"，移动鼠标并在舞台上单击，然后在动态文本框中输入文本即可。书写好的动态文本将呈现一个黑色的虚线边框，如图4-1（上右图）所示。

3. 输入文本

输入文本也是应用比较多的一种文本类型。应用输入文本可以在影片播放过程中即时地输入文本。

要创建输入文本，在选择文本工具后，在"属性"面板中选择"输入文本"类型，然后在舞台上单击鼠标左键，在光标处进行文本输入。书写好的输入文本也将呈现一个黑色的虚线边框，如图4-1（下图）所示。

> **提示**
>
> 使用文本工具制作出的文本是不能使用扭曲工具使其变形的，只有将其打散再使用扭曲工具这一种方法。

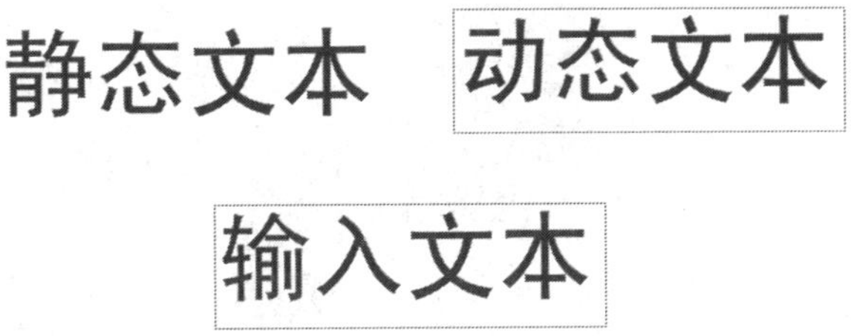

静态文本　动态文本

输入文本

图4-1

知识2 文本的创建与编辑

1. 创建文本

静态文本是在动画制作阶段创建的，在动画播放阶段不能改变的文本。在静态文本框中可以创建横排或竖排文本。

（1）运行Flash CS6，创建一个新文档。选择文本工具，执行"窗口"→"属性"命令，打开"属性"面板，在"文本引擎"下拉列表中选择"传统文本"，在"文本类型"下拉列表中选择"静态文本"。继续在"属性"面板中设置字体、字体大小、字体颜色，如图4-2（上图）所示。

（2）移动鼠标并在舞台上单击，在文本框中输入文本"蝴蝶飞"，如图4-2（下图）所示。

（3）在选中文本或选中部分文本的情况下，可以对所选中的文本进行属性设置，比如设置字体、字号、字色等。

提 示

在一个动画短片中，文本效果的制作很重要，字体的选择也很有讲究。制作不同类型的动画，字体选择也应不一样，字体的风格要适合动画的风格。即使字体再美观，不符合动画的风格的话，也会显得不伦不类。

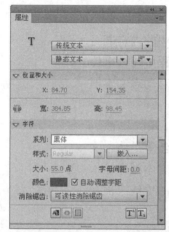

图4-2

2. 分离文本

文本不是矢量图形，某些操作不能直接作用于文本对象，比如为文本填充渐变颜色或位图、添加边框以及调整文本的外观等。如果要对文本对象进行上述操作，首先需要将文本分离，使其具有和矢量图形相似的属性。

（1）创建一个新文本，选择文本工具，在文本框中输入文本"蝴蝶飞"。

（2）选中文本，执行"修改"→"分离"命令（分离文本的快捷键为Ctrl＋B），将原来一个文本框拆成数个文本框，每个文字各占一个，如图4-3所示。

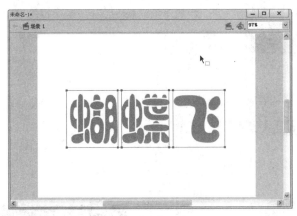

图4-3

（3）再一次执行"修改"→"分离"命令，将所有的文本转换为矢量图形，图形呈现为麻点外观，如图4-4所示。

图4-4

3. 编辑文本的矢量图形

文本转换成矢量图形后，可以对其进行填充着色、添加边框线和变形等操作。

（1）选中文本矢量图形，执行"窗口"→"颜色"命令，打开"颜色"面板，在该面板中选择"径向渐变"填充类型，在颜色编辑栏中添加色标，将填充颜色从左到右分别设置为紫色、蓝色、绿色和红色，如图4-5（上图）所示；改变填充后的文本矢量图形如图4-5（下图）所示。

图4-5

（2）利用选择工具，用框选的方法选中所有（或部分）文本图形，然后选择任意变形工具的"扭曲"辅助项（或旋转与倾斜、缩放、封套等），当文本四周出现控制点后，即可任意地拉伸使其变形，如图4-6所示。

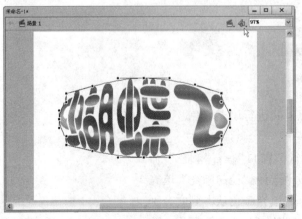

图4-6

Fl 模拟制作任务

任务1　制作彩色渐变文字

📺 任务背景

　　文本在动画中也占着举足轻重的位置，有着特殊效果的文本给人带来的冲击力也很震撼。表现文本的效果的方式也有很多种。渐变色的文本效果如图4-7所示。

图4-7

📺 任务要求

　　利用文本工具，为动画添加一组渐变色的文本效果，以起到完善动画效果的作用。

📺 任务分析

　　利用文本工具输入文本，接着将文本转换为矢量图形，再使用颜料桶工具的渐变填充方式，为文本添加渐变色的特殊效果。

📺 重点、难点

　　1. 文本工具属性的设置和使用。
　　2. "分离"命令的使用。
　　3. 颜料桶的灵活使用。
　　4. 渐变色的调整。

📺 最终效果文件

　　最终效果文件在"光盘:\素材文件\模块04\任务1"目录中，操作视频文件在"光盘:\操作视频\模块04\任务1"目录中。

STEP ❶ 启动Flash CS6软件，新建一个空白Flash文档 ，按Ctrl + J组合键，弹出"文档设置"对话框，文档的属性设置为默认值，如图4-8所示。

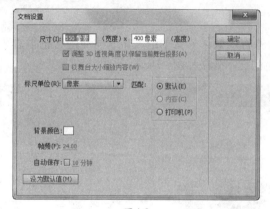

图4-8

STEP ❷ 单击"确定"按钮进入编辑区。按Ctrl + S组合键（或执行"文件"→"保存"命令）保存文件，选择保存的文件路径。并将文档命名为"制作彩色渐变文字"之后再进行制作。

STEP ❸ 选择文本工具T，此时的光标变为一个十字型下方标着一个字母"T"，在舞台上单击，出现一个文本输入区域，随后输入文本"彩色渐变文字"，此时的字体样式和颜色不用特别设置，默认就好，如图4-9所示。

图4-9

STEP ❹ 选择输入好的文本，在"属性"面板中设置文本的各种属性。设置文本类型为静态文本，字体为"迷你简胖头鱼"，文字大小为70点，如图4-10所示。

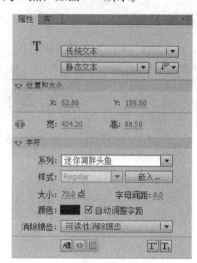

图4-10

STEP ❺ 设置好文本属性后，选择舞台上的文本，按两次Ctrl + B组合键，将文本分离成为矢量图形，如图4-11所示。

图4-11

STEP ❻ 选择颜料桶工具，执行"窗口"→"颜色"命令，打开"颜色"面板，设置渐变方式为线性渐变，将鼠标移至下方的彩条上，光标右下角变成一个小加号时，表示可以添加颜色游标，如图4-12所示。

图4-12

STEP 07 分别再添加五个颜色游标，设置每一个颜色游标分别为#FF0000、#FFFF00、#00FF00、#00FFFF、#0000FF、#FF00FF、#FF0000。设置成为7种颜色的渐变，如图4-13所示。

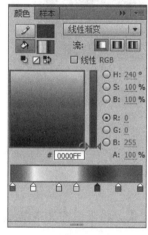

图4-13

STEP 08 设置好渐变色后，文本的效果变成如图4-14所示，但这并非是我们想要的效果。

STEP 09 选择所有文本，并保证颜料桶的填充属性为线性渐变，并且渐变颜色为之前设置好的属性。使用颜料桶工具，快捷键为K。在文本图形上单击，系统就默认所有文本为一个整体的图形，渐变也就变成整体的渐变，如图4-15所示。而不是之前的一个字的渐变效果。

图4-14

图4-15

STEP 10 选择所有文本，使用渐变变形工具对整体文本的渐变效果进行微调，使效果更加突出，如图4-16所示。

图4-16

STEP 11 制作结束后按Ctrl + S组合键（或执行"文件"→"保存"命令）保存文件，按Ctrl + Enter组合键输出并浏览彩色渐变文本的效果。

任务2　文本阴影效果

🖳 任务背景

　　文本的阴影能够使文本有立体感，制作文本阴影效果有很多种方法。该任务使用两种方法介绍文本阴影效果的制作，制作效果如图4-17所示。

图4-17

🖳 任务要求

　　用两种方法制作出文本的阴影效果。

🖳 任务分析

　　方法一：利用文本工具输入文本，复制文本移至下一层，将下层的文本填充色更换为黑色。

　　方法二：使用文本中的添加滤镜功能为文本添加阴影。

🖳 重点、难点

　　1. 文本工具属性的设置和使用。

　　2. 同一图层中对文本的上下顺序排列的使用。

　　3. 滤镜的应用以及调整滤镜的属性。

🖳 最终效果文件

　　最终效果文件在"光盘:\素材文件\模块04\任务2"目录中，操作视频文件在"光盘:\操作视频\模块04\任务2"目录中。

STEP **01** 启动Flash CS6软件，新建一个空白Flash文档 ，按Ctrl + J组合键，弹出"文档设置"对话框，文档的属性设置为默认值，如图4-18所示。

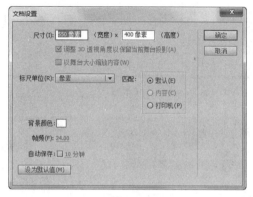

图4-18

STEP **02** 按Ctrl + S组合键保存文件，选择保存的路径，并命名为"文字阴影效果"。

STEP **03** 使用文本工具 **T** （快捷键为T），此时的光标变为一个十字型下方标着一个字母"T"，在舞台上单击，出现一个文本输入区域，如图4-19所示。

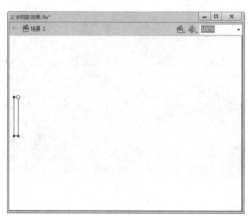

图4-19

STEP **04** 在舞台上输入文本"少年梦 中国梦"，如图4-20所示。

STEP **05** 在"属性"面板中设置文本的各种属性。设置文本类型为静态文本，字体为"迷你简胖头鱼"，文字大小为70点，字体

颜色为红色，如图4-21所示。

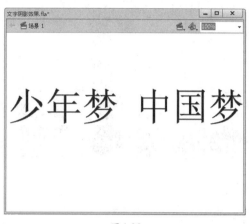

图4-20

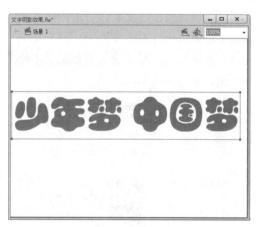

图4-21

STEP **06** 选中文本，按住Alt键拖拽鼠标，复制出一组文本，如图4-22所示。

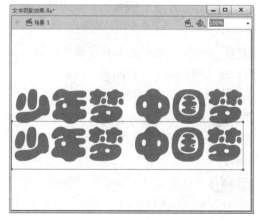

图4-22

STEP 07 选择复制后的文本，在"属性"面板中将该组的字体颜色设置为黑色，如图4-23所示。

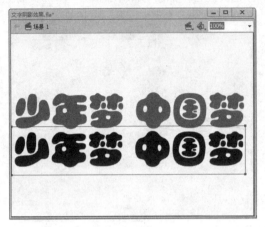

图4-23

STEP 08 选择黑色的文本，右击，在弹出的快捷菜单中，执行"排列"→"移至底层"命令。或者按Ctrl+↓组合键将该组文本移至下一层，如图4-24所示。

图4-24

STEP 09 选择黑色的文本并移动其位置，放置在红色字体的下方再倾斜一点，当作红色字体的阴影，如图4-25所示。

STEP 10 在文本图层下方新建图层，将库中的"背景"拖拽至舞台作为背景，如图4-26所示。

STEP 11 至此完成该文本效果的制作，最后按Ctrl+S组合键保存文件，按Ctrl+Enter组合键输出文本的阴影效果，如图4-27所示。

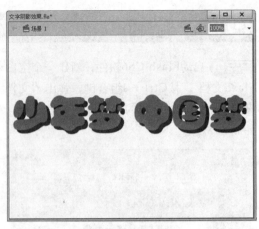

图4-25

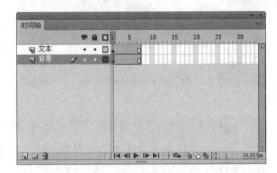

图4-26

图4-27

接下来，利用滤镜来制作文本阴影效果。

STEP 01 制作前5步和方法一相同，使用文本工具在舞台上输入文本，在字体"属性"面板中设置文本字体为"迷你简胖头鱼"，文字大小为70点，字体颜色为红色，如图4-28所示。

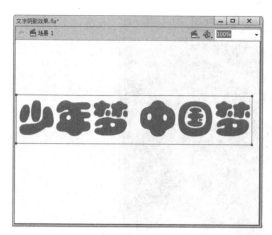

图4-28

STEP**02** 在"属性"面板的左下角单击添加滤镜按钮🔲，在其下拉列表中执行"投影"命令，如图4-29所示。

图4-29

STEP 03 在滤镜的属性中调整阴影模糊值和角度，以及其他的一些属性值，如图4-30所示。

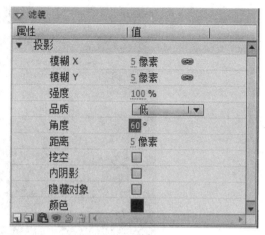

图4-30

STEP 04 设置好各种属性值：模糊值均为5，强度为100%，角度为60°，其他的属性值设为默认值，如图4-31所示。制作结束后保存文件。

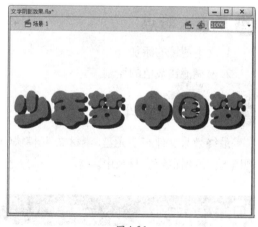

图4-31

任务3　为文本添加模糊滤镜

🖥 任务背景

文本可以添加滤镜效果，选择一种模糊滤镜，为文本添加模糊效果，如图4-32所示。

🖥 任务要求

制作文本的模糊效果，要求有种若隐若现的感觉。

图4-32

🖥 任务分析

文本的滤镜中有模糊效果，直接为文本添加模糊滤镜，调整模糊数值。

🖥 重点、难点

1.文本滤镜的添加。
2.模糊滤镜数值的控制。

🖥 最终效果文件

最终效果文件在"光盘:\素材文件\模块04\任务3"目录中，操作视频文件在"光盘:\操作视频\模块04\任务3"目录中。

🖥 任务详解

STEP **01** 在"光盘:\素材文件\模块04\任务3素材"目录下双击打开"雾里看花（素材文件）.fla"文件，执行"文件"→"另存为"命令保存文件，选择保存的文件路径，并为文档命名为"雾里看花"。

STEP **02** 使用文本工具，在舞台上单击，选择文本输入区域，如图4-33所示。

STEP **03** 输入文本"雾里看花"，如图4-34所示。执行"窗口"→"属性"命令，打开"属性"面板，调整文本属性值。

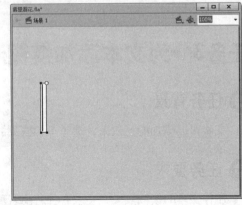

图4-33

图4-34

STEP 04 在"属性"面板调整各种属性：字体为"迷你简卡通"，大小为70，颜色为浅蓝色，间距为0，如图4-35所示。

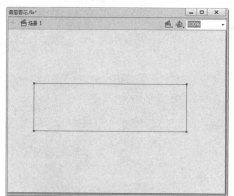

图4-35

STEP 05 设置好文本的属性后，选择文本，执行"窗口"→"属性"命令，在打开的"属性"面板中，选择"滤镜"选项，在其下拉列表中选择"模糊"滤镜，如图4-36所示。

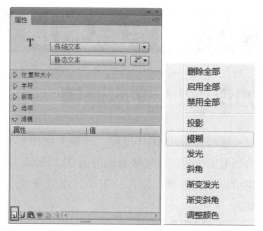

图4-36

STEP 06 添加好模糊滤镜后，调整其属性值，这里将X、Y值都设置为10，如图4-37所示。

图4-37

STEP 07 在文本图层下方新建图层，将库中的"背景"拖至舞台合适位置，当做背景，如图4-38所示。

图4-38

知识点1 文本滤镜

通过任务3的制作过程，不难发现使用滤镜来制作文本的效果更加快捷，而且效果也很出色。Flash CS6中有7种滤镜，包括投影、模糊、发光、斜角、渐变发光、渐变斜角和调整颜色。

1. "投影"滤镜

使用该滤镜可以制作投影的效果，通过控制各种属性值达到想要的效果，如图4-39所示。

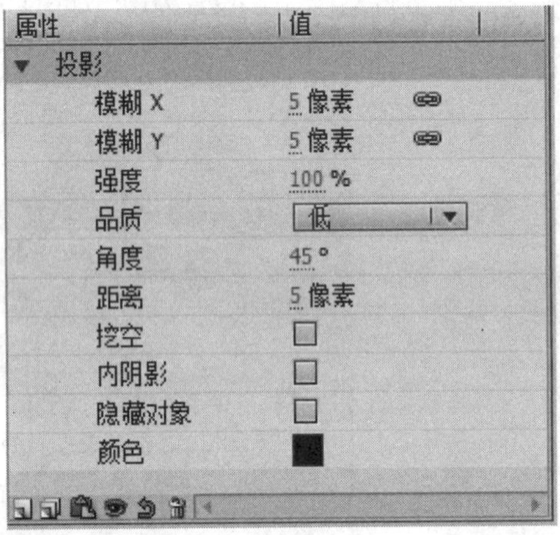

图4-39

> **提示**
>
> 如果想为字体添加边缘线，使文字凸显立体感，那么只要将文本完全打散后，使用墨水瓶工具填充线条，然后调整线条的粗细度即可。

- 模糊值：通常情况下模糊值后面的小链条是锁住的，表示锁定X、Y的值是一致的。调整模糊值的像素大小，数值越大，阴影的边缘越大、越模糊。
- 强度：调整强度值，数值越大，阴影的效果越明显、越强烈。
- 品质：即阴影的品质，有"低"、"中"、"高"三种选择，品质越高，阴影越清晰。
- 角度：控制阴影的偏转方向，也可以理解为调整光源的方向。
- 距离：设置投影的距离大小。
- 挖空：将投影作为背景的基础上，挖空对象的显示。
- 内阴影：对象的内部阴影。
- 隐藏对象：只显示阴影，不显示对象。
- 颜色：设置阴影的颜色。

2."模糊"滤镜

"模糊"滤镜的使用方法相对简单，只用模糊值的调整，调整方法和投影滤镜的模糊值调整方法一样。

3."发光"滤镜

"发光"滤镜的属性如图4-40所示。

图4-40

- 其中模糊值、强度、品质的属性使用方法和投影滤镜相同。
- 颜色：调整发光的颜色，打开拾色器选择颜色。
- 挖空：只显示发光，不显示对象。
- 内发光：是对象只在边界内发光。

4."斜角"滤镜

应用"斜角"滤镜，就是向对象应用加亮效果，使其看起来凸出于背景表面。换句话说，使用"斜角"滤镜可以制作出立体浮雕效果，如图4-41所示。

图4-41

5."渐变发光"滤镜

"渐变发光"滤镜的效果和"发光"滤镜的效果类似，只是这种滤镜的发光带有渐变色。如图4-42所示。

6."渐变斜角"滤镜

应用"渐变斜角"滤镜，可以产生一种凸起效果，使对象看起来好像是从背景上凸起一样，斜角表面有渐变颜色。

注 意

应用"渐变发光"滤镜，可以在发光表面产生渐变颜色的发光效果。渐变发光要求渐变开始处颜色的Alpha值为0，不能移动此颜色的位置，但可以改变该颜色。

渐变斜角要求渐变的中间有一种颜色的Alpha值为0。

"渐变斜角"滤镜效果和"斜角"滤镜类似，斜角的颜色有渐变的效果，更能制作出良好的浮雕效果，如图4-43所示。

图4-42

图4-43

7. "调整颜色"滤镜

"调整颜色"滤镜可以调整对象的颜色，包括亮度、对比度、饱和度、色相。这些属性的取值范围都在-100~100之间。调整颜色效果如图4-44所示。

图4-44

知识点2　文本属性详细介绍

在舞台上输入文本后，选择文本，打开"属性"面板，如图4-45所示。

注　意

文本可以直接添加滤镜效果，不需要再转化为影片剪辑元件。而在补间动画中如果包含字体，则有可能会出现抖动现象，其解决方法是将文字打散。

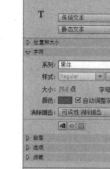

图4-45

在“属性”面板中，“系列”为选择文本的字体，字体的多少和计算机安装的字体有关。建议多收集一些不同的字体，在使用中会非常方便，如图4-46所示。

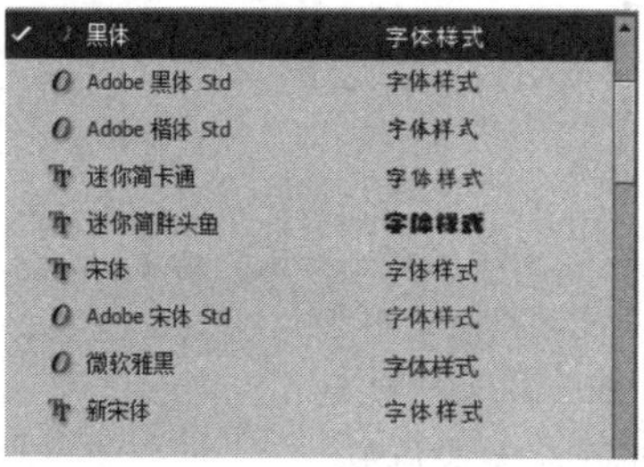

图4-46

“大小”为调整文本的大小，数值越大则字体越大，如图4-47（左图）所示。“字母间距”为字体之间的间隔大小，数值越大则间隔越大，如图4-47（右图）所示。

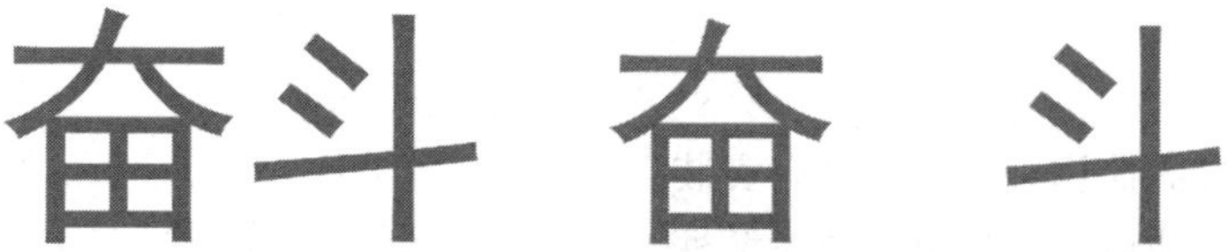

调整字体的大小　　调整字体的间距

图4-47

“颜色”为文本调整颜色，单击后面的色块，打开拾色器选择颜色，如图4-48所示。

图4-48

注 意

Flash中的字体多少完全取决于电脑的字体安装多少。在制作文本时有时要将文本打散，但是有的字体在打散后会出现一些小的缝隙被连接的错误，所以在打散文本时要注意这个问题。

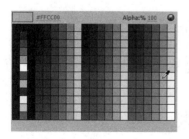

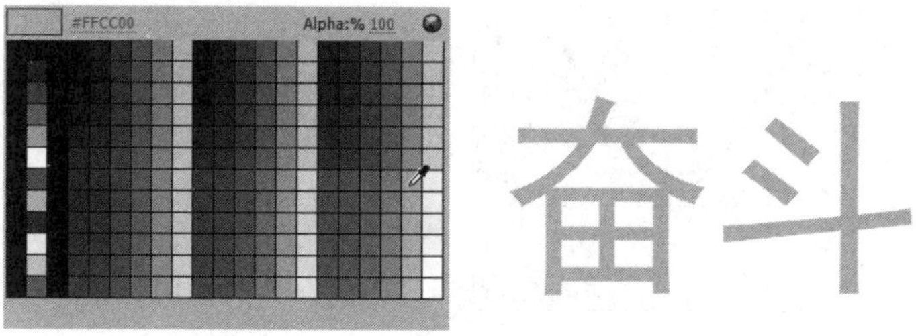

在使用文本过程中，通常会输入一连串的文本，有时需要对文本的单个文字进行处理，那么在文本的常规状态下是做不到的，只要选择文本都是选择所有文本上的文字，如图4-49所示。

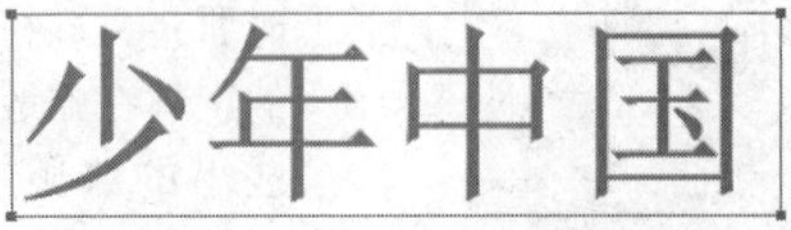

少年中国

图4-49

如果只是需要对其中一个文字进行操作，那么执行Ctrl+B组合键将文本分离，此时的文本变成一个个独立的状态，如图4-50所示。

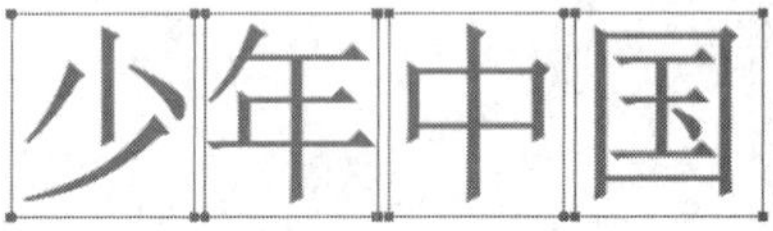

少年中国

图4-50

对于分离后的文本，每个文字都是相对独立的，所以可以对单个文字进行处理，比如对单个文字进行放大或旋转等，如图4-51所示。

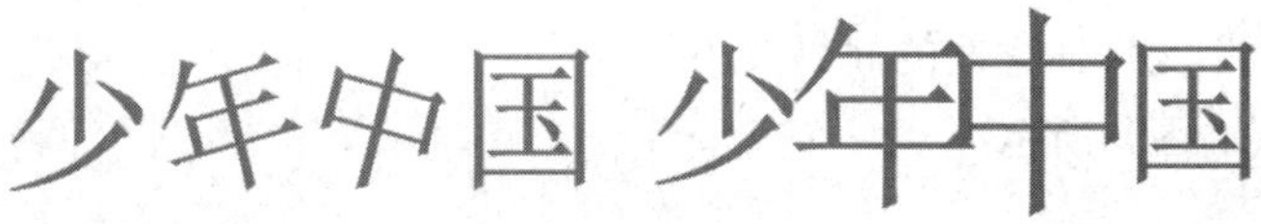

少年中国 少年中国

图4-51

有些时候使用字体后，在其他计算机上如果没有安装字体，那么在其他计算机上打开文件后，会弹出一个对话框，要选择替换的字体，如图4-52所示。

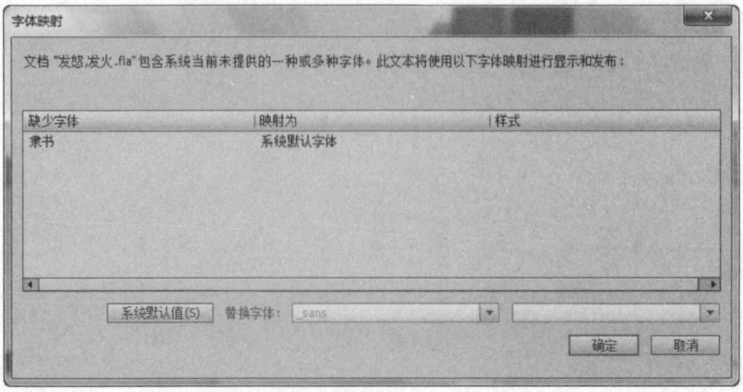

图4-52

独立实践任务

任务4 为文本添加滤镜

💻 任务背景

利用所学的为文本添加滤镜的知识，为文本添加不同的滤镜效果，如图4-53所示。

图4-53

💻 任务要求

1. 创建文本设置字体样式、大小、颜色。
2. 为创建的文本添加多种不同的滤镜效果。
3. 熟悉滤镜中的不同属性的应用。

💻 最终效果文件

最终效果文件在"光盘:\素材文件\模块04\任务4"目录中。

💻 任务分析

_____

_____

_____

_____

_____

FI 职业技能考核

一、选择题

1. 默认的情况下，使用文本工具创建的文本框为（　　）文本。

    A. 静态　　　　　　B. TLF　　　　　　　C. 动态　　　　　　　D. 输入

2. 可以调整对象的亮度、对比度、色相和饱和度的是（　　）滤镜。

    A. 投影　　　　　　B. 模糊　　　　　　　C. 调整颜色　　　　　D. 放光

3. TLF文本可创建的文本块共有（　　）类型。

    A. 只读　　　　　　B. 动态　　　　　　　C. 可选　　　　　　　D. 可编辑

4. 投影滤镜模糊程度的取值范围为（　　），投影的品质越（　　），投影越清晰，投影角度的取值范围为（　　）。

    A. 高　　　　　　　B. 0°～100°　　　　C. 低　　　　　　　　D. 0°～360°

5. 下列选项中不属于传统文本的是（　　）。

    A. 静态文本　　　　B. 动态文本　　　　　C. 输入文本　　　　　D. TLF文本

6. 按下（　　）组合键可以将文本分离。

    A. Ctrl + A　　　　B. Ctrl + B　　　　　C. Ctrl + C　　　　　D. Ctrl + V

二、填空题

1. Flash CS6中文本工具分为_____、_____和_____三种类型。

2. 执行分离文本命令的快捷键为_____。

3. 想要使用"扭曲"或"封套"变形文本，必须要先_____。

4. "模糊"滤镜中模糊值越大，对象越_____。

5. 文本的滤镜效果有_____种类型。

6. "调整颜色"滤镜可以调整其亮度、对比度、饱和度、_____。

模 块

05 制作逐帧动画

本任务效果图：

软件知识目标：

1. 能够完成帧的各种操作
2. 能够制作简单的逐帧动画

专业知识目标：

1. 熟悉帧的概念
2. 熟悉逐帧动画的原理
3. 掌握图层的各种操作

建议课时安排： 6课时（讲课4课时，实践2课时）

Fl 知识储备

知识1 认识时间轴

在所有的动画制作软件中，时间轴是制作动画的核心，所有的动画顺序、动作行为、控制命令以及声音等都是在时间轴中进行编排的。

时间轴是对帧和图层操作的区域，主要作用是组织和控制动画在一定时间内播放的图层数和帧数，并可以对图层和帧进行编辑。"时间轴"面板位于工作场景的下方，主要分为图层编辑区、帧编辑区、辅助工具栏及状态栏，面板的右侧有一个展开菜单按钮，如图5-1所示。

图5-1

下面对"时间轴"面板中主要组成部分分别进行介绍。

- 帧编辑区：帧是动画最基本的单位，大量的帧结合在一起就构成了时间轴。帧编辑区的主要作用就是控制Flash动画的播放和对帧进行编辑。

- 播放头：时间轴中红色的指针被称为播放头，是用来指示当前所在帧的。在舞台中按Enter键，即可在编辑状态下运行影片，此时播放头也会随着影片播放而向右侧移动，指示出播放到的位置。

- 移动播放头：如果正在处理大量的帧，所有的帧无法一次全部显示在时间轴上，则移动播放头沿着时间轴移动，即可定位到目标帧。移动播放头时，它会变成黑色竖线。

- 播放头的移动范围：播放头的移动是有一定范围的，最远只能移动到时间轴中定义过的最后一帧，不能将播放头移动到未定义过帧的时间轴范围内。

- 图层编辑区：图层在动画中起到了很重要的作用，由于动画都是由多个图层组成的，因此可以在图层编辑区进行插入图层、删除图层、更改图层叠放次序等操作。

- 辅助工具栏及状态栏：位于时间轴的最下方，其中包括基本操作工具和对帧进行编辑时用到的辅助工具，以及状态信息。在状态栏中将显示所选的帧编号、当前帧频及当前帧为止的运行时间。

- 展开菜单按钮：单击时间轴面板右侧的展开菜单按钮，弹出下拉菜单。在该下拉菜单中可以对"时间轴"面板的显示方式等进行设置。
  - ◆ 很小、小、标准、中和大：用来设置帧的显示状态，系统默认为"标准"状态。
  - ◆ 预览：勾选该选项后，关键帧中的图形将以缩略图的形式显示在帧中，便于创建者查看帧中的对象。
  - ◆ 关联预览：勾选该选项后，帧中将显示对象在舞台中的位置，便于创建者查看对象在整个动画过程中的位置变化。

知识2　认识帧

帧是创建动画的基础，也是构成动画最基本的元素之一。帧是创建动画最基本的单位，不同的帧代表着不同的时刻，画面是随着时间的变化而变化的。播放动画时，就是将一幅一幅图片按照一定的顺序排列起来，然后依照一定的播放速率显示，从而形成了动画，因此动画也被人们称为帧动画。帧中可以包含所需要显示的内容，如图形、声音、各种素材和其他多种对象。

1. 普通帧

普通帧就是不起关键作用的帧，也被称为空白帧。其中的内容与它前面关键帧的内容相同，在时间轴中是以灰色区域表示的，两个关键帧之间的灰色帧都是普通帧。

2. 关键帧

关键帧是用来描述动画中关键画面的帧，或者说是能改变内容的帧。每个帧的画面都不同于前一个，这样的帧称为关键帧。如图5-1所示的实心黑色圆圈代表的帧就是关键帧，在黑色圆圈后出现的灰色区域就是普通帧。

3. 空白关键帧

空白关键帧的内容是空的，主要起到两个作用。

第一、当插入一个空白关键帧时，可以将前一个关键帧的内容清除，画面的内容变成空白，目的就是使动画中的对象消失，画面与画面之间形成间隔。

第二、在空白关键帧上创建新的内容，一旦被添加了新的内容，即可转换为关键帧。空白关键帧是以空心的小圆圈

提示

GIF图片是一种动态图，Flash支持GIF图片的导入。导入后，Flash软件会自动创建关键帧，以记录每一个动态。所以，如果有些动作不好制作时，不妨在网上找一些GIF动态图，导入到Flash中研究每一帧的动态，学习别人是怎样制作的。

表示的。

4. 帧在时间轴中的表示方法

在Flash CS6中，不同的动画形式，其帧的显示状态也有所不同，因此通过时间轴中帧的不同表示，就可以区别该动画是哪类动画或哪类状况。

（1）当时间轴中有连续的关键帧出现，表示该动画为创建成功的逐帧动画，如图5-2所示。

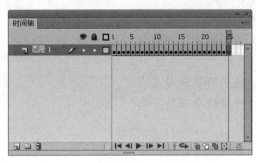

图5-2

（2）当开始关键帧和结束关键帧用一个黑圆圈表示，中间补间帧为淡紫色背景并被一个黑色箭头贯穿时，表示该动画为设置成功的传统补间动画，如图5-3所示。

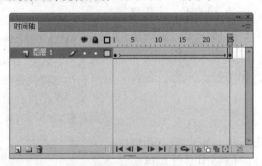

图5-3

（3）当起始关键帧和结束关键帧用一个黑圆点表示，中间补间帧为淡绿色背景并被一个黑色箭头贯穿时，表示该动画为设置成功的补间形状动画，如图5-4所示。

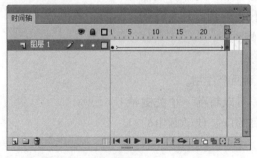

图5-4

（4）当起始关键帧为一个黑色圆点表示，结束关键帧为一个黑色小菱形表示，中间补间帧为淡蓝色背景，表示该动画为设置成功的补间动画，如图5-5所示。

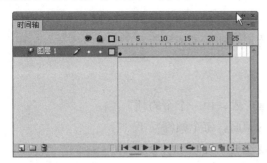

图5-5

（5）当开始关键帧和结束关键帧之间显示为一条无箭头的虚线时，表示该动画创建不成功，如图5-6所示。

图5-6

（6）当关键帧上添加了"a"标记，表示该关键帧中已被添加脚本语句，如图5-7所示。

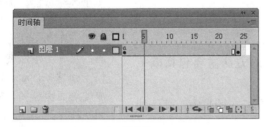

图5-7

（7）当关键帧上有一面小红旗或两条绿色斜杠标记，表示该关键帧中被添加了标签或标注（又称为帧标签或帧标注），如图5-8中的开始帧和中间帧所示。

图5-8

提 示

在绘制逐帧动画时，建议单击"绘图纸外观"按钮，这样就能在选择前一帧时观察到前一帧的内容，那么在制作下一帧的内容时就相对简单了。

知识3　逐帧动画

Flash CS6动画可以分为两大类，一类是逐帧动画，另一类是补间动画，而补间动画又可以分为形状补间动画和运动补间动画两类。

1. 逐帧动画的概念

逐帧动画是最基本、最传统的动画形式，由一个个的帧制作而成，每一个帧中都是一个单独的画面，每个帧都互不干涉且都是关键帧。整个动画过程就是通过关键帧连续变换而形成的。

逐帧动画的创建还有一种形式，就是利用已经有的或在其他软件中制作的一系列图片，或是网上常见的GIF动画文件，直接导入后生成逐帧动画。

2. 逐帧动画的特点

- 逐帧动画的每一个帧都是关键帧，每个帧的内容都需要编辑，因此工作量很大。
- 逐帧动画是由许多单独的关键帧组合而成的，每个关键帧都可以单独编辑，并且相邻帧中的对象变化不大。
- 逐帧动画适合表现一些细腻的动作，如3D效果、面部表情、走路、转身等，因此，创建逐帧动画要求用户有比较强的逻辑思维和一定的绘画功底。

3. 逐帧动画的创建方法

在Flash CS6中，创建逐帧动画的方法主要包括以下2种。

方法1：绘制矢量逐帧动画。利用鼠标在场景中一帧一帧地绘制出帧的内容。

方法2：导入序列图像。可以导入GIF序列图像、SWF动画文件或利用第三方软件（如Swish、Swift 3D等）产生动画序列。

提示

Flash的主要功能是制作动画，动画实际是由多个帧组成的，播放动画就是依次显示每一帧中的内容。在Flash中，组成动画的每一个画面就是一个帧。帧越多，动画需要播放的画面也越多，播放时间就越长。

FI 模拟制作任务

任务1 制作鱼儿游动效果

🖥 任务背景

制作鱼儿游动的动画，动作流畅，结合运动规律，如图5-9所示。

🖥 任务要求

利用逐帧绘制的方法，绘制一组鱼儿游动的动画，要求动作流畅，掌握动画运动规律。

🖥 任务分析

逐帧动画的运用在动画中非常常见，流畅地绘制逐帧动画才能使动画升一个档次。

图5-9

🖥 重点、难点

1. 图形的绘制。
2. 前后一帧图形位置保持一致。
3. 动画节奏的把握。

🖥 最终效果文件

最终效果文件在"光盘:\素材文件\模块05\任务1"目录中。

任务详解

STEP 01 启动Flash CS6软件，新建一个空白
Flash文档，按Ctrl + J组合键，弹出"文档
设置"对话框，文档的属性设置为默认值，
如图5-10所示。

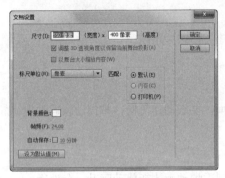

图5-10

STEP 02 单击"确定"按钮，进入场景编辑
状态。按Ctrl + S组合键（或执行"文
件"→"保存"命令）保存文件，选择保存
的文件路径，并将文档命名为"鱼游"。

STEP 03 使用矩形工具，在"属性"面板
中，设置笔触颜色为黑色，填充颜色为
#9EB6C7，笔触高度为1，样式为实线，在
舞台上绘制一个矩形，如图5-11所示。

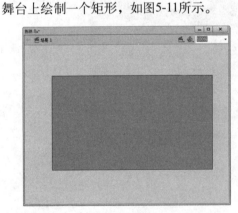

图5-11

STEP 04 利用鼠标吸附功能拖拽出鱼的形
状，另外再绘制三个矩形作为鱼的鱼鳍，如
图5-12所示。

STEP 05 使用椭圆工具绘制鱼的眼睛，使用
直线工具勾画出鱼的头部，使用矩形工具绘

制鱼身上的鱼鳞，如图5-13所示。

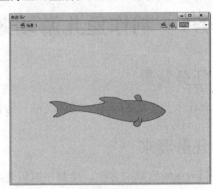

图5-12

图5-13

STEP 06 绘制好第1帧上的图形后，在第2帧
处插入空白关键帧。即选择第2帧并右击，
在其快捷菜单中执行"插入空白关键帧"命
令，其快捷键为F7，如图5-14所示。

图5-14

STEP 07 选择第2帧，在舞台上绘制鱼儿游动
的下一个动作，为了绘制更加的精确，单击
时间轴下方的"绘图纸外观"按钮，可
以观看上一帧的内容。确定鱼的位置，如
图5-15所示。

图5-15

STEP08 重复以上的步骤，在第3帧处插入空白关键帧，绘制鱼儿的下一帧动作，以此类推，绘制第4帧上的动作，如图5-16所示。

图5-16

📌 提示

"绘图纸外观"按钮□在制作动画的时候非常的实用，尤其是在制作逐帧动画的时候该工具可以让制作变得事半功倍。"绘图纸外观"主要是可以观察前后帧的内容，方便制作一些中间帧的内容。

STEP09 绘制第5帧上的动作，根据运动规律，第5帧上的内容和第3帧上的内容一致，选择第3帧处的关键帧，按住Alt键拖拽放置在第5帧处，复制关键帧，如图5-17所示。

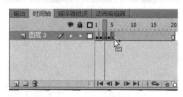

图5-17

STEP10 根据运动规律第6帧上的内容和第2帧上的内容一致，第7帧上的内容和第1帧上的内容一致，重复STEP09的步骤，复制第2

帧和第1帧处的关键帧。

STEP11 根据于鱼游动的规律，继续绘制之后几帧上的内容，绘制到第12帧，如图5-18所示。

图5-18

STEP12 为了让动画更加的美观，可以在鱼所在的图层的下方新建一个图层，绘制一个鱼缸，如图5-19所示。

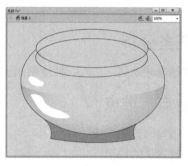

图5-19

STEP13 将绘制好的鱼缸调整大小，将制作的鱼游动的逐帧动画放入到鱼缸的位置，如图5-20所示。

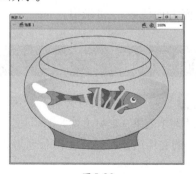

图5-20

STEP14 制作结束后按Ctrl + S组合键（或执行"文件"→"保存"命令）保存文件，按Ctrl + Enter组合键输出并浏览动画效果。

任务2 制作手写字效果

📺 任务背景

制作一个手写字的动画效果，如图5-21所示。

图5-21

📺 任务要求

根据本节任务，能够熟练地制作出逐帧动画。要求字体写的自然流畅，一气呵成。

📺 任务分析

创建逐帧动画，一帧一帧地绘制出每一笔画。

📺 重点、难点

1. 书写节奏的掌握。
2. 遮罩层的应用。
3. 每一笔画的衔接。

📺 最终效果文件

最终效果文件在"光盘:\素材文件\模块05\任务2"目录中，操作视频文件在"光盘:\操作视频\模块05\任务2"目录中。

📺 任务详解

STEP**01** 打开"光盘:\素材文件\模块05\任务2素材\手写字效果（素材文件）.fla"文件，选择保存的文件路径，并将文档命名为"手写字效果"。

STEP**02** 单击"新建图层"按钮 ⬚ ，新建两个图层，图层从上至下的命名依次为"遮罩层"、"字体"、"背景"。

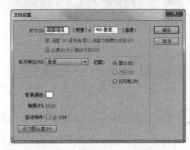

图5-22

STEP **03** 将库中的"背景"拖至"背景"图层中，并调整其位置，使其成为背景，如图5-23所示。

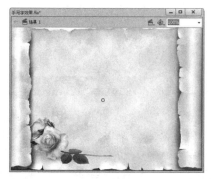

图5-23

STEP **04** 选择"字体"图层，使用文本工具在舞台中间输入文字"忍"。在"属性"面板设置字体属性：字体为楷体，大小为70，颜色为黑色，如图5-24所示。

图5-24

STEP **05** 选择"遮罩层"图层，使用刷子工具，设置颜色为红色，大小设置能盖住字体笔画的粗度为宜。在第1帧处绘制图形，遮盖住文字的一小部分，如图5-25所示。

图5-25

STEP **06** 选择"遮罩层"图层，在时间轴上的第3帧插入关键帧，使用刷子工具继续绘制图形，按照写字的笔画顺序依次绘制下去，如图5-26所示。

图5-26

STEP **07** 选择"遮罩层"图层，在时间轴上第6帧插入关键帧，使用刷子工具继续绘制图形，依次类推，每隔两帧插入一个关键帧。直至绘制的图形完全遮盖住字体，如图5-27所示。

图5-27

STEP **08** 选择"遮罩层"图层并右击，在其快捷菜单中执行"遮罩层"命令，此时，时间轴上的"遮罩层"和"字体"图层发生了变化，如图5-28所示。

图5-28

STEP **09** 制作结束后按Ctrl + S组合键（或执行"文件"→"保存"命令）保存文件，按Ctrl + Enter组合键输出并浏览动画效果。

01
02
03
04
05
06
07
08
09
10
11

Fl 知识点拓展

知识点1 编辑帧

在制作Flash动画过程中，需要在时间轴中插入、移动、复制或删除一些帧来使动画的节奏更加地流畅，所以编辑帧技能必须要掌握好。

1. 选择帧

- 选择一个帧：只需要单击该帧即可。
- 选择一组连续的帧：选择该组帧中的第1帧，按住Shift键并单击该组的最后一帧即可。
- 选择一组非连续的帧：按住Ctrl键再单击要选择的帧即可。
- 选择时间轴上的所有帧：在时间轴的任意帧上右击，在其快捷菜单中执行"选择所有帧"命令即可。

2. 插入普通帧

插入普通帧一般用于需要延长该关键帧的时间，插入普通帧支持选择多帧同时插入。插入普通帧有两种方法较为快捷。

- 选择要插入帧的位置，右击，执行"插入帧"命令。
- 选择要插入帧的位置，按下F5键。

3. 插入关键帧

插入关键帧一般适用于在该帧处有动作需要变换，插入关键帧的方法和插入普通帧的方法类似。

- 右击，执行"插入关键帧"命令。
- 按下F6键，插入关键帧。

4. 插入空白关键帧

插入空白关键帧一般用于该帧处有新的内容需要添加，或者该帧处需要留白。插入空白关键帧的方法和插入普通帧的方法类似。

- 右击，执行"插入空白关键帧"命令。
- 按下F7键，插入空白关键帧。

5. 帧的移动

单击需要移动的帧，拖拽至目标位置即可。

提示

Flash中补间的类型有很多，并且运用的方式也不一样。掌握每一种补间类型在制作动画中的使用，会使动画的效果增强，但是如果使用错误，那么效果也很可能就相差很远了。

6.复制帧和粘贴帧

选择要复制的帧并右击，在弹出的快捷菜单中执行"复制帧"命令。然后在需要粘贴的位置右击，在弹出的快捷菜单中执行"粘贴帧"命令即可。如果复制的帧不在同一个图层上，那么在粘贴的时候也要选择粘贴的位置图层数和复制帧的图层数一致，否则Flash会自动新建图层。

7.翻转帧

选择需要翻转的一组帧，右击，在弹出的快捷菜单中执行"翻转帧"命令，就会发现播放的顺序完全颠倒。

知识点2 使用绘图纸工具

在制作动画时，如果前后两帧的内容没有完全的对齐，播放时就会出现跳动的现象。使用绘图纸工具绘制图形就不会出现这种情况。

1."绘图纸外观"按钮

单击此按钮，时间轴上会出现绘图纸的观察范围，如图5-29所示，此时可以观察所选择的范围帧上的所有内容，如图5-30所示。

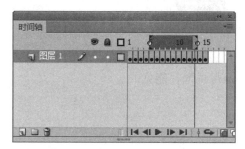

图5-29

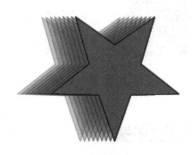

图5-30

2."绘图纸外观轮廓"按钮

单击该按钮后只显示其他帧上的轮廓而不显示填充内容，此时舞台上除了当前帧显示实体外，其他帧都只显示轮廓，如图5-31所示。

提 示

制作动画时，掌握动画运动规律很重要，这可以使动画效果流畅，使制作事半功倍。很多的物体运动起来都是有章可循的，只要做出一个循环，那么后面的只要重复播放就可以达到流畅运动的效果了。

提 示

在制作逐帧遮罩动画时，一定要注意每一帧上的内容覆盖完整，并且也不能多余，否则会出现穿帮这种重大失误。

图5-31

3."编辑多个帧" 按钮

单击此按钮，时间轴上会出现绘图纸的观察范围的效果，这表示能看见的这些帧上的内容在多帧编辑的范围内，在舞台上框选所有在编辑范围的帧上的内容，就可以对这些帧进行统一的编辑，比如移动位置、缩放、删除等，如图5-32所示。

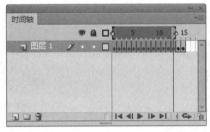
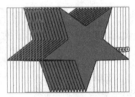

图5-32

编辑多个帧的卡尺  可以拖拽，拖得越宽，能见的范围越宽，如图5-33所示。

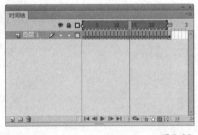

图5-33

知识点3　在时间轴上插入文件夹

在制作动画的时候，一个或简单的几个图层不可能完成一个动画的片段，通常需要几十个图层才能做到，这么多的图层如果不分类的话就会很乱，在制作中也很麻烦，如图5-34所示。

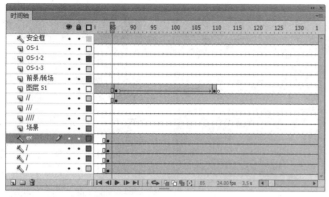

图5-34

提 示

在制作遮罩动画时，尤其是制作逐帧的遮罩动画，要尽量保证每一帧上的内容都是形状。因为如果每一帧上的内容是绘制对象或者组的话，在预览时往往会出现效果消失的现象。

但是像这样的时间轴，虽然图层杂乱无章，只要在时间轴上插入文件夹，将每一类的图层放入一个文件夹中，就很明了了，如图5-35所示。

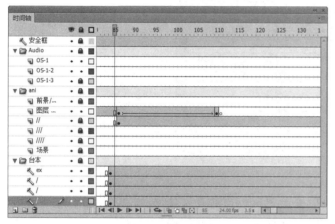

图5-35

插入文件夹的方法为：在时间轴上右击，在弹出的快捷菜单中执行"插入文件夹"命令，如图5-36所示。此时的时间轴如图5-37所示。

图5-36

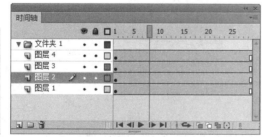

图5-37

文件夹插入后，可以为文件夹命名，命名的方法是在文件夹上双击，然后在文本框中输入名称即可，而且文件夹可以插入多个，如图5-38所示。

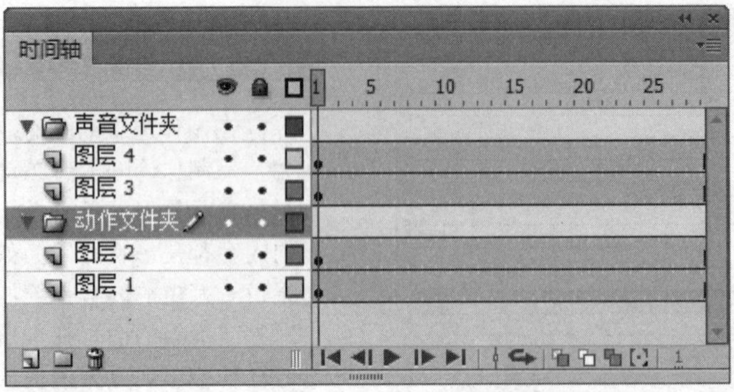

图 5-38

提 示

在制作动画的时候可选择帧的速率,常使用的是25帧/秒、12帧/秒。在25帧/秒的动画中,如果制作普通的逐帧动画,两帧之间相隔2~3帧,就可以不失流畅的感觉。而在12帧/秒的动画中,两帧之间一般只相隔一帧,否则动画会有些卡。

单击文件夹前面的三角按钮 ▼□ ,可以展开或者收起文件夹,倒三角号 ▼□ 表示文件夹为展开状态,斜三角号 ►□ 表示文件夹收起状态,如图5-39所示。

图 5-39

在文件上右击,在弹出的快捷菜单中执行"展开文件夹"或"折叠文件夹"命令,可以对文件夹进行同样的操作,如图5-40所示。

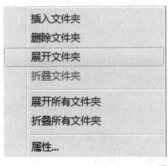

图 5-40

在文件上右击,在弹出的快捷菜单中执行"删除文件夹"命令,可以将不需要的文件夹删除,但注意文件夹中不要有有用的图层,如图5-41所示。

创建文件夹后,图层还不在文件夹中,需要选择图层,将图层拖入到文件夹中,如图5-42所示。

图 5-41

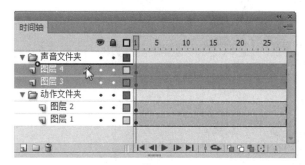

图 5-42

提 示

在编辑多个帧的按钮时，如果发现有些帧上的内容位置不正确或者大小不正确，逐帧的调整位置非常麻烦，而且不容易使调整后每一帧的位置都相同，这时就要使用"编辑多个帧"按钮，选中所有帧上的内容一并进行调整，一次到位而且精确。

如果有不需要的文件夹，那么右击该文件夹，在弹出的快捷菜单中执行"删除文件夹"命令即可。但是，当文件夹中有图层存在的话，就会弹出一个对话框需要进行选择，如图5-43所示。

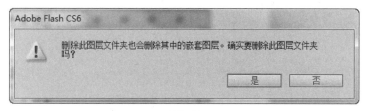

图 5-43

如果文件夹中有不需要的图层，那么单击"是"按钮，进行删除，此时的文件夹和文件夹中的内容一起被删除。

如果文件夹中的图层需要使用，那么单击"否"按钮，此时的时间轴就会回到之前的状态，将需要的图层拖出文件夹，再将文件夹删除，如图5-44所示。

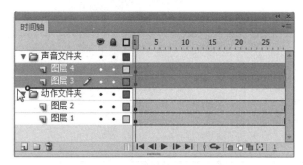

图 5-44

Fl 独立实践任务

任务3　制作小鸟的飞翔动画

🖵 任务背景

制作一个小鸟的飞翔动画，制作方式参考"鱼儿的游动"的制作流程，如图5-45所示。

图5-45

🖵 任务要求

1. 小鸟的飞翔动作流畅。
2. 符合小鸟飞翔的运动规律。
3. 把握住飞翔的节奏。

🖵 最终效果文件

最终效果文件在"光盘:\素材文件\模块05\任务3"目录中。

🖵 任务分析

一、选择题

1. 构成动画最基本元素是（　　）。
   A. 时间线　　　　　B. 图像　　　　　C. 手柄　　　　　D. 帧

2. 逐帧动画的每一帧都是（　　）。
   A. 普通帧　　　　　B. 关键帧　　　　C. 空白关键帧　　D. 连续帧

3. Flash中的帧主要有（　　）两种类型。
   A. 关键帧　　　　　B. 空白关键帧　　C. 普通帧　　　　D. 连续帧

4. 如果要延缓动画的播放时间和清除前一关键帧的内容，可以在时间轴中插入（　　）。
   A. 关键帧　　　　　B. 空白关键帧　　C. 普通帧　　　　D. 连续帧

5. 如果要为组或类型创建传统补间动画，必须先将它们转换为（　　）。
   A. 按钮　　　　　　B. 元件　　　　　C. 位图　　　　　D. 矢量图

二、填空题

1. Flash软件在制作动画方面大概分为＿＿＿＿＿＿动画和＿＿＿＿＿＿动画两类。

2. 在时间轴上有三种不同类型的帧，分别是＿＿＿＿＿＿、＿＿＿＿＿＿、＿＿＿＿＿＿。

3. 在Flash中有三种不同的动画补间，分别是＿＿＿＿＿＿、＿＿＿＿＿＿、＿＿＿＿＿＿。

4. ＿＿＿＿＿＿帧可以控制动画的时间节奏。

5. 绘图纸工具分为＿＿＿＿＿＿、＿＿＿＿＿＿、＿＿＿＿＿＿等。

6. 插入关键帧的快捷方式为＿＿＿＿。

7. 若要选择多个连续的帧，在按住＿＿＿＿＿＿键的同时，分别选中连续帧中的第1帧和最后一帧即可。

8. 创建逐帧动画需要将每个帧都定义为＿＿＿＿＿＿，然后为每个帧创建不同的图像。

模 块

06 制作补间动画

本任务效果图：

软件知识目标：

1. 能够制作简单的传统补间动画
2. 能够制作简单的形状补间动画
3. 能够制作简单的补间动画

专业知识目标：

1. 熟悉元件、实例的概念
2. 掌握补间动画的工作原理
3. 熟练设置补间动画属性

建议课时安排： 6课时（讲课4课时，实践2课时）

知识1　传统补间动画

传统补间动画又称为运动补间动画，所处理的动画必须是舞台中的组件实例，多为图形组合、文字、导入的素材对象。利用这种动画可以实现对象的大小、位置、旋转、颜色以及透明度等变化的设置。

1.传统补间动画的概念

在逐帧动画中，Flash需要保存每一帧的数据。而在补间动画中，Flash只需保存帧之间不同的数据，使用传统补间动画还能尽量降低文件的大小。因此在制作动画时，应用最多的是传统补间动画。

2.创建传统补间动画的条件

（1）在第一关键帧处放置一个元件，然后在另一个关键帧处缩放、移动该元件，或改变其颜色、透明度等，因此，传统补间动画必须作用在相同对象上才能创造出动画效果。

（2）构成传统补间动画的对象必须是元件或成组对象，可以是图形元件、按钮、文本、影片剪辑、位图等，但不能是形状。

（3）传统补间动画创建完成后，"时间轴"面板的背景色为淡紫色，在开始帧和结束帧之间有一个黑色的箭头。

知识2　形状补间动画

形状补间动画适用于图形对象。在两个关键帧之间可以制作出图形变化的效果，让一种形状可随时间变化为另一个形状；除此之外，还可以使形状的位置、大小和颜色进行渐变。

1.形状补间动画的概念

在某一关键帧中绘制一个形状，再在另一个关键帧中修改该形状或者重新绘制一个形状，然后Flash会根据两者之间的帧的值或形状来创建动画，这种动画被称为形状补间动画。

2.创建形状补间动画的条件

形状补间动画用于创建形状变化的动画效果，使一个形

> **提示**
>
> 通常在制作元件的时候往往不是一级嵌套，常会有两级嵌套甚至更多，也就是说元件当中仍有元件。这时需要注意的是元件内部的时间轴一定要和其内部元件的时间轴相吻合，否则内部的元件动作会播放得不自然。

状变成另一个形状，同时可以实现两个图形之间的颜色、形状、大小、位置的交互变化。

形状补间动画的创建方法与传统补间动画类似，只要创建两个关键帧中的对象，其他过渡帧可通过Flash自己计算出来。当然，创建形状补间动画时需要满足以下条件。

（1）在一个形状补间动画中至少要有两个关键帧，缺一不可。

（2）在两个关键帧中的对象必须是可编辑的图形，如果是图形元件、按钮、文本，则必须先将其分离才能创建形状补间动画。

（3）这两个关键帧中的图形必须有一些变化，否则制作出的动画将没有动画效果。

（4）形状补间动画创建成功后，"时间轴"面板的背景色为淡绿色，在开始帧和结束帧之间有一个黑色的箭头。

知识3　补间动画

1. 补间动画的概念

补间动画是通过为一个帧中的对象属性指定一个值，并为另一个帧中的该相同属性指定另一个值来创建动画。这种动画形式可以直接将动画补间效果应用于对象本身，而对象的移动轨迹可以很方便地运用贝塞尔曲线来调整。

2. 创建补间动画的类型和属性

（1）可补间的对象类型包括：影片剪辑、图形和按钮元件以及文本字段。

（2）可补间对象的属性包括：2D X和Y位置；3D Z位置（仅限影片剪辑）；2D旋转（绕Z轴）；3D X、Y、Z旋转（仅限影片剪辑）；倾向X和Y；缩放X和Y；颜色效果；滤镜属性。

FI 模拟制作任务

任务1　制作朦胧月色

📟 任务背景

制作朦胧的月色。月夜的云朵比较朦胧，而运用形状补间制作这种朦胧感比较合适，如图6-1所示。

图6-1

📟 任务要求

要求制作出来的云朵有朦胧的感觉，符合场景的风格。

📟 任务分析

形状补间动画适合运用在一些发生简单形状变化的动画中。在动画中相对应用较为广泛。

📟 重点、难点

1. 形状补间的运用。
2. 形状变化的控制。
3. 气氛的把握。

📟 最终效果文件

最终效果文件在"光盘:\素材文件\模块06\任务1"目录中，操作视频文件在"光盘:\操作视频\模块06\任务1"目录中。

STEP**01** 启动Flash CS6软件，新建一个空白Flash文档，按Ctrl + J组合键，弹出"文档设置"对话框，文档的属性设置为默认值，如图6-2所示。

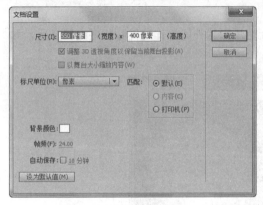

图6-2

STEP**02** 单击"确定"按钮，进入场景编辑状态。按Ctrl + S组合键（或执行"文件"→"保存"命令）保存文件，选择保存的文件路径，并为文档命名为"制作朦胧月色"。

STEP**03** 单击"新建图层"按钮🔲，新建一个图层。选择"图层1"，执行"文件"→"导入"→"导入到舞台"命令，选择要导入的背景图片（光盘:\素材文件\模块06\任务1素材\夜空.jpg），将背景图片导入到舞台并调整位置，如图6-3所示。

图6-3

STEP**04** 在"图层2"上选择矩形工具，在"属性"面板中设置笔触颜色为无，填充颜色为灰色，将其透明度改为20%，在舞台上绘制一个矩形，更改其形状，如图6-4所示。

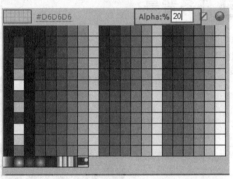

图6-4

STEP**05** 选择绘制好的图形，按住Alt键拖拽，复制出该图形，使用任意变形工具🔲，对其进行缩放、翻转变形，如图6-5所示。

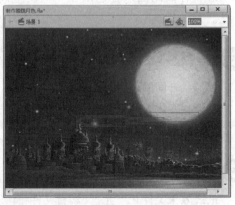

图6-5

STEP 06 选择"图层2",在"时间轴"面板的第75帧处插入关键帧,如图6-6所示。

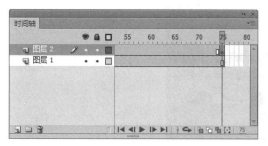

图6-6

STEP 07 使用任意变形工具 ⊞ 对该帧处的内容进行翻转和变形,如图6-7所示。

图6-7

STEP 08 选择时间轴的第1～75帧之间任意一帧,右击,在弹出的快捷菜单中执行"创建补间形状"命令,创建第1～75帧的形状补间动画。此时,时间轴发生变化,如图6-8所示。

STEP 09 单击选择"图层2"上的第1帧,当鼠标下方出现一个小矩形 ⊡ 表示可以拖拽该

关键帧,按住Alt键复制该帧,放置在第150帧处,如图6-9所示。

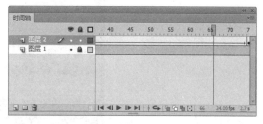

图6-8

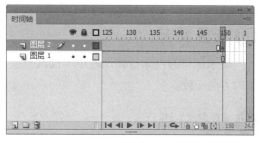

图6-9

STEP 10 选择"图层2"的第75～150帧之间任意一帧,右击,执行"创建补间形状"命令,如图6-10所示。

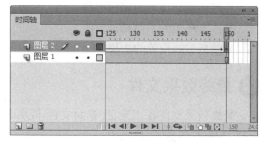

图6-10

STEP 11 制作结束后按Ctrl + S组合键(或执行"文件"→"保存"命令)保存文件,按Ctrl + Enter组合键输出并浏览动画效果。

任务2 制作行驶的汽车

📺 任务背景

制作汽车的行驶过程。传统补间的运用更加广泛,传统补间动画能够实现位置的移动和大小的变化、甚至方向的旋转,如图6-11所示。

图6-11

🖥 任务要求

要求制作的汽车行驶过程中不仅汽车需要移动,汽车的车轮也要转动。转动的方向和行车的方向一致。

🖥 任务分析

传统补间动画应用的更加广泛。汽车的行驶是一条直线,而且侧面行驶的汽车没有转完的运动轨迹,所以传统补间动画完全可以完美地实现汽车行驶的效果。

🖥 重点、难点

1. 传统补间动画的使用方法。
2. 汽车车轮的不停转动。
3. 前后车轮位置的把握。

🖥 最终效果文件

最终效果文件在"光盘:\素材文件\模块06\任务2"目录中,操作视频文件在"光盘:\操作视频\模块06\任务2"目录中。

🖥 任务详解

STEP 01 打开"光盘:\素材文件\模块06\任务2素材\行驶的汽车(素材文件).fla"文件,执行"文件"→"另存为"命令保存文件,选择保存的文件路径,并为文档命名为"行驶的汽车"。

STEP 02 执行"窗口"→"库"命令,打开"库"面板,在"库"面板中找到名为"背景"的图形元件。单击并拖拽至舞台,将库中的"背景"元件放置到舞台的合适位置,如图6-12所示。

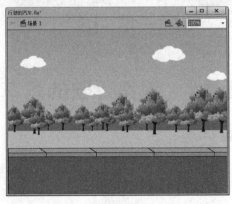

图6-12

STEP**03** 执行"插入"→"新建元件"命令，新建一个图形元件，命名为"车轮"，单击"确定"按钮进入元件的编辑状态，如图6-13所示。

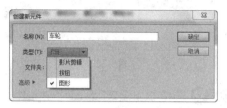

图6-13

STEP**04** 在元件的编辑状态下，使用椭圆工具绘制一个圆形，在"属性"面板中设置笔触颜色为黑色，笔触高度为0.1，样式为极细线，填充颜色为从#333333到#CEE5F2再到#000000的径向渐变，如图6-14所示。

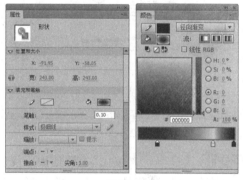

图6-14

STEP**05** 调整好椭圆工具的属性后，在舞台上绘制一个圆，如图6-15所示。

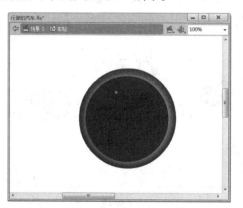

图6-15

STEP**06** 在"图层1"上新建一个图层，选择第1帧，将库中的"车轮"元件拖拽至舞

台，使其中心点与"图层1"上绘制的圆的中心点对齐，如图6-16所示。

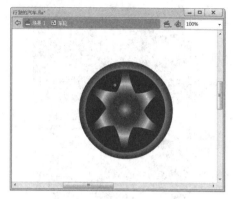

图6-16

STEP**07** 在"图层1"和"图层2"的第40帧处插入普通帧，将"图层2"的第40帧转换为关键帧。选择"图层2"的第1～40帧之间的任意一帧，右击，在弹出的快捷菜单中执行"创建传统补间"命令，如图6-17所示。

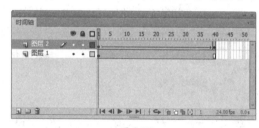

图6-17

STEP**08** 单击"图层2"的第1～40帧之间的任意一帧，在补间的"属性"面板中，单击"旋转"文本框右侧的下拉按钮，在弹出的下拉列表中选择"顺时针"，如图6-18所示。

图6-18

STEP **09** 接着在"属性"面板中，调整旋转的圈数为2，如图6-19所示。

图6-19

STEP **10** 执行"插入"→"新建元件"命令，打开"创建新元件"对话框，在"名称"文本框中输入"车动"，单击"确定"按钮，如图6-20所示，进入元件的编辑状态。

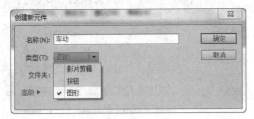

图6-20

STEP **11** 选择"图层1"，将库中的"汽车"元件拖至舞台合适位置，如图6-21所示。新建"图层2"，将"图层2"移至"图层1"的下方，如图6-22所示。

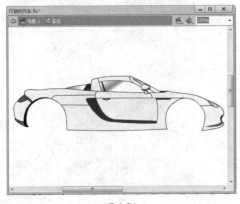

图6-21

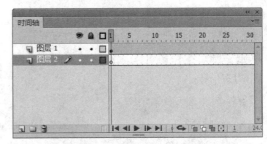

图6-22

STEP **12** 选择"图层2"，将库中元件"车轮"拖至舞台，放置在"图层2"中汽车车轮的相应位置，如图6-23所示。

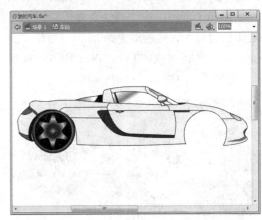

图6-23

STEP **13** 选择车轮，按住Alt键拖拽，复制一个车轮，放置在另一个车轮的位置，如图6-24所示。

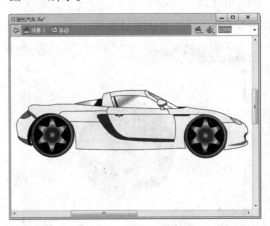

图6-24

STEP **14** 在"图层1"和"图层2"的第60帧处插入普通帧，如图6-25所示。

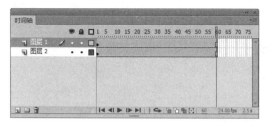

图6-25

STEP **15** 返回"场景1"，在"背景"图层的上方新建"图层1"，将库中的元件"车动"拖至舞台右边缘位置，如图6-26所示。

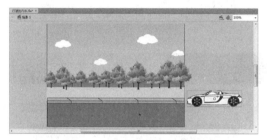

图6-26

STEP **16** 在"图层1"的第70帧处插入关键帧，将汽车移动到舞台左侧的位置，如图6-27所示。

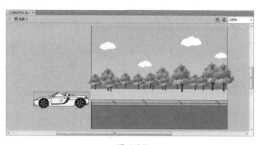

图6-27

STEP **17** 在"图层1"的第1～70帧之间创建传统补间动画，此时，时间轴发生变化，行驶的汽车动画已经制作完成，如图6-28所示。

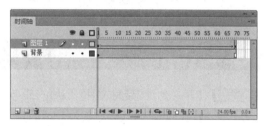

图6-28

STEP **18** 制作结束后按Ctrl + S组合键（或执行"文件"→"保存"命令）保存文件，按Ctrl + Enter组合键输出并浏览动画效果。

任务3　曲线运动的足球

🖵 任务背景

　　足球的运动并不是一条严格的直线，所以并不能用传统补间动画来完成，所以本任务介绍一种简单的补间动画，来实现曲线运动的足球动画，如图6-29所示。

图6-29

🖵 任务要求

　　要求制作足球的曲线运动。利用Flash CS6中的补间动画来实现曲线的运动方式。

📺 任务分析

补间动画不同于传统补间，补间动画可以很方便地控制运动的轨迹和弧度。

📺 重点、难点

1. 补间动画的使用。
2. 足球运动弧度的把控。
3. 足球运动的运动缓冲。

📺 最终效果文件

最终效果文件在"光盘:\素材文件\模块06\任务3"目录中，操作视频文件在"光盘:\操作视频\模块06\任务3"目录中。

📺 任务详解

STEP**01** 打开"光盘:\素材文件\模块06\任务3素材\曲线运动的足球（素材文件）.fla"文件。执行"文件"→"另存为"命令保存文件，选择保存的路径，并命名为"曲线运动的足球"。

STEP**02** 执行"窗口"→"库"命令，打开"库"面板，在"库"面板中找到名为"球门"的图形元件。单击并拖拽至舞台，将库中的"球门"元件放置到舞台的中间，如图6-30所示。

图6-31

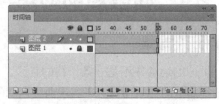

图6-32

STEP**05** 选择"图层2"上的第55帧处，右击，在弹出的快捷菜单中执行"创建补间动画"命令，此时时间轴上发生变化，如图6-33所示。但是拖拽帧时会发现舞台上的足球并没有任何的移动。

图6-30

STEP**03** 新建"图层2"，将库中的图形元件"足球"拖拽至舞台合适位置，如图6-31所示。

STEP**04** 分别选择"图层1"和"图层2"的第55帧处，右击，在弹出的快捷菜单中执行"插入普通帧"命令，如图6-32所示。

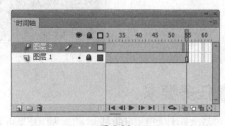

图6-33

STEP 06 选择"图层2"上的第55帧处,拖拽舞台上的足球,此时的足球与初始位置的足球之间有绿色的点状线连接,如图6-34所示,此时"图层2"的第55帧处自动出现一个关键帧,如图6-35所示。

图6-34

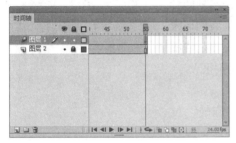

图6-35

STEP 07 这个绿色的点状线表示足球的运动轨迹,调整这个绿色点状线的形状或弧度,足球的运动轨迹就会按照点状线来运动,调整方法和调整线段方法类似。由于足球的运动轨迹为弧形,调整点状线的弧度,如图6-36所示。

图6-36

STEP 08 由于受透视的影响,远处的足球应该更小,所以选择第55帧处的足球,使用任意变形工具将足球缩小,如图6-37所示。

图6-37

STEP 09 观察足球的运动,觉得足球的运动有些僵硬,因为足球在运动的过程中自身会发生一定的旋转。单击"图层2"的第1~55帧之间的任意一帧,在"属性"面板中将"旋转"属性调整为旋转次数为2次、方向为顺时针,如图6-38所示。

图6-38

STEP 10 浏览此时的曲线运动动画,运动已经非常流畅。制作结束后按Ctrl + S组合键(或执行"文件"→"保存"命令)保存文件,按Ctrl + Enter组合键输出并浏览动画效果。

Fl 知识点拓展

知识点1 三种不同的补间动画之间的区别

1. 补间动画

补间动画的优点在于使用比较方便，可以控制运动轨迹，可以制作出复杂的运动方式，而且可以控制物体运动时的缓动节奏。缺点在于不能进行形状的变化。在直线运动中不如传统动画直观、便于操作。

2. 形状补间

形状补间的优点在于可以让形状发生变化，这是另外两种补间所做不到的，缺点在于形状补间的控制很难，复杂的形状变化也是做不到的。值得注意的是形状补间的对象必须是"图形"。这和传统补间动画的对象必须是"元件"的区别很大。

3. 传统补间动画

这种补间在动画中应用比较广泛，可以实现旋转、位移、缩放等。传统补间动画的使用对象必须是"元件"。

> **提示**
>
> 在创建补间动画的时候，要保证前后关键帧只有同一个元件，并且也不能有其他的形状或组合，否则补间动画会创建失败。

知识点2 设置各种补间的属性

1. 补间动画

补间动画的属性如图6-39所示，缓动为动画的运动节奏，取值范围在-100～100之间，数值越大，动画运动从快到慢，反之，动画运动从慢到快。设置旋转次数就是补间的时间内对象的旋转次数，方向可以选择三种：无、顺时针、逆时针。

图6-39

2. 补间形状

补间形状的属性如图6-40所示，缓动的属性和补间动画相同。混合属性有两个选项。

- 分布式：创建的动画中间形状比较平滑和不规则。
- 角形：创建的动画中间形状会保留明显的角和直线，适用于有锐化转角和直线的混合型状。

图6-40

3. 传统补间

传统补间的属性如图6-41所示，缓动的属性和补间动画相同。设置旋转次数就是补间的时间内对象的旋转次数，方向可以选择三种：无、顺时针、逆时针。

图6-41

传统补间在制作动画的时候最常用，因为其属性较多，可用的功能也较多，并且，使用传统补间的对象必须是"元件"，所以传统补间的使用也包含了元件的属性。最常用的元件就是图形元件和影片剪辑元件。

提 示

绘制一个形状，将其转化为元件，两者的形状并没有发生变化。在转化为元件后，边缘线条会根据元件的放大或缩小而变化，但是形状的线条会一直保持原来的粗细程度，不论放大还是缩小，该线条的粗细度不变。

在补间的"属性"面板中,也是有两种属性,一个是缓动,一个是旋转,使用方法和其他的补间一样。

在元件的"属性"面板中,功能相对较多些,如图6-42所示。有一个属性为"色彩效果",其中有很多元件的属性,如图6-43所示。其中"无"表示没有任何效果。

提 示

使用补间"属性"面板中的"旋转"属性,可以设置旋转的方向和圈数,但是在设置前一定要注意元件的中心点,因为元件只会按照中心点旋转。

图6-42   图6-43

- 亮度:亮度可以调整元件的明暗程度,取值范围在-100~100之间,数值越小元件越暗。元件的常态下的数值为0。在传统补间的应用中,可以选择元件的明暗值,结合传统补间可以使元件逐渐变暗或变亮,图6-44所示为传统补间动画前后的对比。

传统补间动画之前

传统补间动画之后

图6-44

- 色调：色调的取值相对复杂，分为色调、红、蓝、绿四个属性值。要调整这四个属性值结合使用，来调整到想要的色彩效果，色调值越高元件越暗，红色数值越高元件越红，蓝色数值越高元件越蓝，绿色数值越高元件越绿。但是前提是色调不能是0。如果色调为0，那么调整其他属性值是没用的。结合传统补间来使用，就会实现元件颜色的渐变动画，如图6-45所示。

01
02
03
04
05
06
07
08
09
10
11

提 示

想要掌握元件的高级属性很难，但这个属性非常重要，一定要经常地练习。在绘制一个对象后，将其转化为元件，调整高级属性，完全可以将该元件的透明度和颜色改变，而其他的属性只能调整某一种特定的属性。

色调调整前

色调调整后

图6-45

- 高级：这个属性值的调整是这些属性中最难的一个，因为高级属性包含了元件的所有属性，亮度、色调、透明度在这个属性里面都可以调整。结合传统补间来使用，可以使元件的变化更加多样化，如图6-46所示。
- Alpha：这个属性值是用来调整元件的透明度，取值范围在0~100之间，数值越小元件越透明。与传统补间动画结合使用，元件会有逐渐出现或逐渐消失的效果，如图6-47所示。

高级调整前

高级调整后

图6-46

Alpha调整前

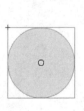

Alpha调整后

图6-47

提 示

在Flash CS6的"动画预设"面板（如图6-48所示）中提供了几种3D动画效果的动画预设。需要注意的是，包含3D动画的动画预设只能应用于影片剪辑实例或TLF文本。对影片剪辑或TLF文本应用3D动画预设的操作方法是：只需要在舞台中选择影片剪辑实例或TLF文本实例，然后在动画预设面板中选择一种3D动画效果，最后单击"应用"按钮，即可在时间轴中创建该实例的3D动画效果。

图6-48

Fl 独立实践任务

任务4　制作群鸟飞翔

🖵 任务背景

利用模块05任务3制作的鸟类飞翔的逐帧动画，来完成一组群鸟飞翔的动画。将鸟类飞翔的逐帧动画编辑成为图形元件，以方便制作群鸟飞翔的动画，如图6-49所示。

图6-49

🖵 任务要求

要求制作的群鸟大小、颜色都有所区别。掌握图形元件的使用。

🖵 最终效果文件

素材文件和最终效果文件在"光盘:\素材文件\模块06\任务4"目录中。

🖵 任务分析

_____

_____

_____

_____

_____

职业技能考核

一、选择题

1. 一个形状补间动画最多可以添加（　　）个提示符。

    A. 10   B. 8   C. 26   D. 无数

2. 在Flash中有一个独立的、交互功能很强的，可以包含交互式控件、声音，甚至其他影片剪辑实例的是（　　）元件。

    A. 图形   B. 按钮   C. 影片剪辑   D. 图像

3. 在时间轴上能显示实例对象，但不能对实例对象进行编辑操作的是（　　）。

    A. 普通帧   B. 关键帧   C. 空白关键帧   D. 翻转帧

4. （　　）用于改变绘图纸显示的状态和设置，单击后会弹出一个与时间轴多帧显示相关的菜单。

    A. 绘图纸外观   B. 绘图纸外观轮廓

    C. 编辑多个帧   D. 修改绘图纸标记

5. 补间动画是指（　　）动画。

    A. 形状补间   B. 逐帧   C. 补间   D. 传统补间

6. 传统补间动画可以实现对象的（　　）等变化的设置。

    A. 大小   B. 颜色   C. 声音   D. 位置

二、填空题

1. 创建传统补间动画的对象属性必须是_____。

2. 创建补间动画的对象属性必须是_____。

3. 创建补间形状的对象属性必须是_____。

4. 将图形转化为元件的快捷键为_____。

5. 创建传统补间动画后时间轴的颜色会发生变化，会变为_____色。

6. 想要延长补间动画的时间，在补间动画中插入_____帧来延长时间。

Adobe Flash CS6
动画设计与制作 案例技能实训教程

模 块

07 制作引导层动画

本任务效果图：

软件知识目标：

1. 能够轻松创建引导层
2. 能够制作简单的引导动画

专业知识目标：

1. 熟悉引导动画的制作原理
2. 掌握"库"面板的各种操作

建议课时安排： 6课时（讲课4课时，实践2课时）

FI 知识储备

知识1　引导层动画

1. 引导层动画

引导层动画就是通过创建引导层，使引导层中的对象沿着引导层中的路径进行运动的动画。这种动画可以使一个或多个元件完成曲线运动或不规则运动。

引导层动画的创建需要通过创建引导层来实现。使用引导层可以在制作动画时更好地组织舞台中的对象，对对象的运动路径进行精确的控制。引导层在影片制作过程中起辅助作用，在发布Flash动画时不会显示在Flash动画的屏幕中。引导层分为普通引导层和运动引导层两种。

2. 普通引导层

普通引导层在Flash动画中起辅助静态对象定位的作用。选中要作为引导层的图层，右击，在弹出的快捷菜单中执行"引导层"命令，即可将该图层设置为普通引导层，如图7-1（上图）所示；在图层区域以图标 表示，如图7-1（下图）所示。

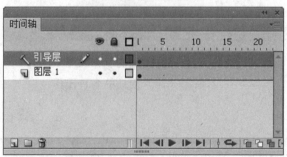

图7-1

> **提示**
>
> 在制作引导层动画时，单击"粘贴至对象"按钮，会很容易地找到运动轨迹的起始点，但有的时候还是吸附不上去。这时就可使用任意变形工具，在对象的中心点会有一个圆心，将圆心对准运动轨迹也可以完成引导动画。

知识2 运动引导层动画

1. 创建运动引导层

在Flash动画中，为对象创建曲线运动或使它沿指定的路径运动，需要借助运动引导层来实现。选中要添加引导层的"图层1"，右击，在弹出的快捷菜单中执行"添加传统运动引导层"命令，如图7-2（上图）所示，即可在"图层1"的上方添加一个运动引导层，如图7-2（下图）所示。

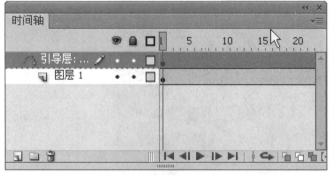

图7-2

提 示

在制作动画的过程中，如果库中出现类似"补间1"、"补间2"的元件，那么说明在制作补间动画的过程中忘记将对象转化为元件了。虽然在预览时的效果一样，但是在后期编辑的过程中，如果大量存在这种元件会很麻烦。

2. 引导线

运动引导层可以描绘物体运动的轨迹，而运动轨迹又称为引导线。因此，添加了运动引导层后，必须在该图层中绘制引导线，运动物体才能沿着引导线运动。

3. 制作运动引导动画的注意事项

在制作运动引导动画的过程中，如果制作过程不正确，将会造成被引导的对象不能沿引导路径运动。因此，在制作运动引导动画时，应该注意以下几个问题。

（1）引导线应是一条从头到尾连续贯穿的线条，线条不能中断（不包括擦除的小缺口）。

（2）引导线不能交叉和重叠。

（3）引导线的转折不宜过多，转折处也不能过急。

（4）被引导对象的中心点必须准确地吸附到引导线上。

Fl 模拟制作任务

任务1 制作飘落的樱花动画

🖥 任务背景

制作出浪漫的樱花飘落的动画，效果如图7-3所示。

🖥 任务要求

制作樱花飘落的效果，要求飘动自然，花瓣轻轻散落，富有浪漫的气氛。

🖥 任务分析

花瓣的飘落是利用引导线的传统补间动画。花瓣的飘落一般来说比较不规则，花瓣的自身也有一定的变化，所以要将花瓣自身的变化做成一个元件后，再制作飘落的效果。

图7-3

🖥 重点、难点

1. 元件之间的相互套用。
2. 花瓣自身飘动的逐帧的绘制。
3. 复制多片花瓣。
4. 引导线的添加和应用。

🖥 最终效果文件

最终效果文件在"光盘:\素材文件\模块07\任务1"目录中，操作视频文件在"光盘:\操作视频\模块07\任务1"目录中。

STEP 01 打开"光盘:\素材文件\模块07\任务1素材\制作飘落的樱花(素材文件).fla"文件。执行"文件"→"另存为"命令保存文件,选择保存的路径,并命名为"制作飘落的樱花"。

STEP 02 执行"窗口"→"库"命令,打开"库"面板,在"库"面板中找到名为"背景"的图形元件,并拖拽至舞台,将库中的"背景"元件放置到舞台的合适位置,如图7-4所示。

图7-4

STEP 03 新建一个图层,执行"插入"→"新建元件"命令,新建一个图形元件,命名为"花瓣飘落",如图7-5所示。单击"确定"按钮进入元件的编辑状态。

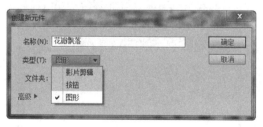

图7-5

STEP 04 在"图层1"中使用铅笔工具 绘制一条曲线,作为花瓣飘落的运动路径。使用铅笔绘制时,如果觉得绘制的曲线不够圆滑,那么选择铅笔工具后,单击工具箱下方的下拉按钮 ,在弹出的下拉列表中选择

"平滑",如图7-6所示。

图7-6

STEP 05 绘制好一条曲线以后,在"图层1"的下方新建"图层2",如图7-7所示。

图7-7

STEP 06 执行"插入"→"新建元件"命令,新建一个图形元件,命名为"花瓣",如图7-8所示,单击"确定"按钮进入元件的编辑状态。

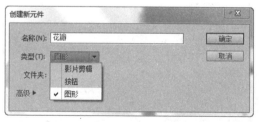

图7-8

STEP 07 花瓣在下落的过程中自身也会发生变化,所以要制作一个花瓣的逐帧动画。在元件的编辑面板中,绘制一个花瓣,如图7-9所示。

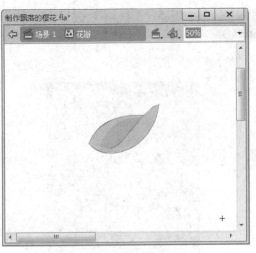

图7-9

STEP 08 在时间轴的第3帧处插入空白关键帧,再绘制花瓣下一帧的动作,如图7-10所示。

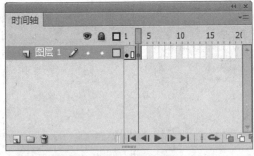

图7-10

STEP 09 在时间轴的第5帧处插入空白关键帧,再绘制花瓣下一帧的动作,如图7-11所示。

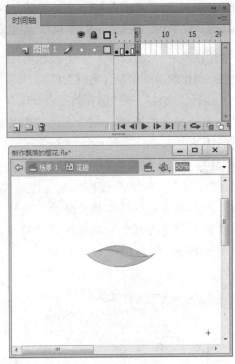

图7-11

STEP 10 在时间轴的第7帧处插入空白关键帧,再绘制花瓣下一帧的动作,如图7-12所示。

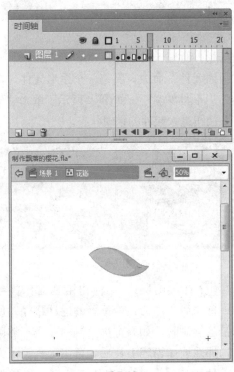

图7-12

STEP 11 在时间轴的第9帧处插入空白关键帧，再绘制花瓣下一帧的动作，如图7-13所示。

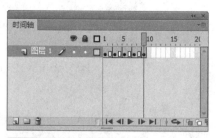

图7-13

STEP 12 在时间轴的第11帧处插入空白关键帧，再绘制花瓣下一帧的动作，并在第12帧处插入普通帧，如图7-14所示。

图7-14

STEP 13 回到"花瓣飘落"的元件编辑状态，在"库"面板中，选择已经制作好的图形元件"花瓣"，该元件为花瓣飘落时自身发生变化的逐帧动画。选择"花瓣"元件，将其拖至舞台，如图7-15所示。

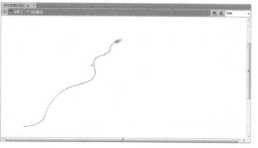

图7-15

STEP 14 在"图层2"的第70帧处插入关键帧，在"图层1"的第70帧处插入帧，如图7-16所示。

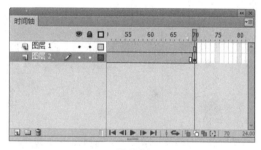

图7-16

STEP 15 选择"图层2"第1帧处的花瓣，单击工具箱中的"贴紧至对象"按钮 🔘，将花瓣拖拽至曲线上端的起点，使花瓣的中心点贴紧到线段的起点，如图7-17所示。

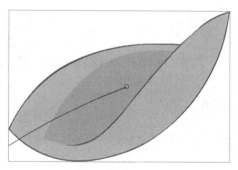

图7-17

STEP 16 选择"图层2"第70帧处的花瓣，单击工具箱中的"贴紧至对象"按钮 🔘，将花瓣拖拽至曲线下端的末点，使花瓣的中心点贴紧到线段的末点。在"图层1"的第1～70帧之间创建传统补间动画，如图7-18所示。

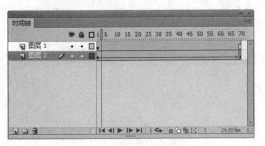

图7-18

STEP 17 拖拽时间轴指针会发现花瓣的运动并没有按照指定的轨迹进行运动。选择"图层1"，右击，在弹出的快捷菜单中执行"引导层"命令，将"图层1"转化为引导层。此时，"图层1"的图标发生变化，如图7-19所示。

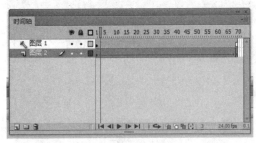

图7-19

STEP 18 选择"图层2"，并将"图层2"拖拽至"图层1"的下方，使"图层2"关联至"图层1"下方，此时，"图层1"和"图层2"都发生变化，如图7-20所示。

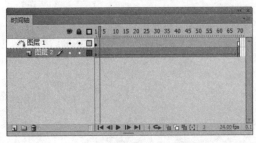

图7-20

STEP 19 拖拽时间轴的指针会发现此时的花瓣按照运动路径在运动。返回"场景1"，新建"图层2"，将库中的"花瓣飘落"元件拖拽至舞台，并复制多个，如图7-21所示。

图7-21

STEP 20 再次新建两个图层，复制"图层2"的第1帧并粘贴至新建的图层中，调整花瓣在舞台中的位置，使每个图层上的花瓣位置不重叠，如图7-22所示。

图7-22

STEP 21 选择所有图层，在第70帧处插入帧，如图7-23所示。动画已经制作完成。制作结束后按Ctrl + S组合键保存文件，按Ctrl + Enter组合键输出并浏览动画效果。

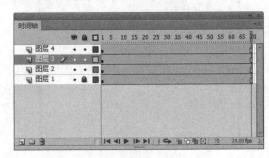

图7-23

任务2　制作老鹰翱翔动画

💻 任务背景

制作出老鹰在天空中翱翔的动画，老鹰的滑翔翅膀并不扇动，所以制作老鹰的翱翔动画相对简单一些，但是要注意老鹰飞翔的路径是在天空盘旋，效果如图7-24所示。

图7-24

💻 任务要求

制作在空中翱翔的动画，要求老鹰是在空中盘旋的状态。

💻 任务分析

老鹰在盘旋的过程中翅膀是不扇动的，所以制作难度相对任务1要简单，将展开翅膀的老鹰转化为元件制作引导动画即可。

💻 重点、难点

1. 老鹰飞行的方向和头部对应方向保持一致。
2. 老鹰的姿态。
3. 飞行路径的绘制。

💻 最终效果文件

最终效果文件在"光盘:\素材文件\模块07\任务2"目录中，操作视频文件在"光盘:\操作视频\模块07\任务2"目录中。

STEP 01 打开"光盘:\素材文件\模块07\任务2素材\老鹰翱翔（素材文件）.fla"文件。执行"文件"→"另存为"命令保存文件，选择保存的文件路径，并将文档命名为"老鹰翱翔"。

STEP 02 执行"窗口"→"库"命令，打开"库"面板，在"库"面板中找到名为"背景"的图形元件，并拖拽至舞台，将库中的"背景"元件放置到舞台的合适位置，如图7-25所示。

图7-25

STEP 03 新建"图层2"，在该图层上绘制一条螺旋线作为老鹰滑翔的路径。老鹰在空中盘旋的路径是圆，如图7-26所示。

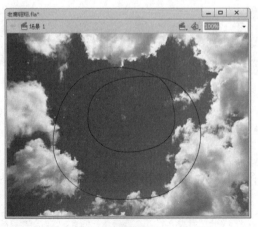

图7-26

STEP 04 继续微调路径的线段，为了使动画看起来有连贯性，所以将路径的起始端点和末端点调整接近同一位置，如图7-27所示。选择整条路径，单击工具箱下方的"平滑"按钮 -S，可以多次单击调整到满意为止，使路径更加平滑。

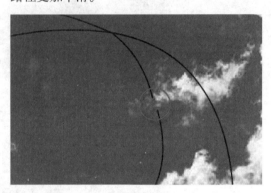

图7-27

STEP 05 在"图层2"的下方新建"图层3"，将库中的元件"老鹰"拖拽至舞台，如图7-28所示。

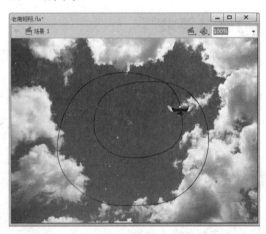

图7-28

STEP 06 选择"老鹰"元件，调整位置，使老鹰的中心点与路径的起始点贴紧，如图7-29所示。

STEP 07 在每个图层的第240帧插入普通帧，将"图层3"上第240帧转化为关键帧，如图7-30所示。

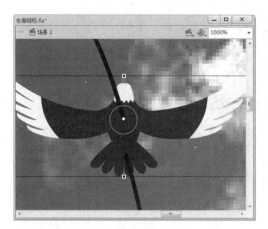

图7-29

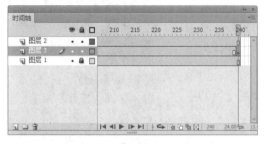

图7-30

STEP 08 将第240帧处的老鹰的位置调整到路径的末端,使老鹰的中心点与路径的末端点贴紧,如图7-31所示。

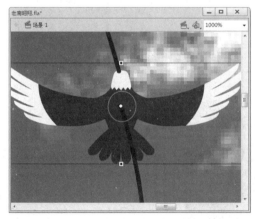

图7-31

STEP 09 选择"图层2",右击,在弹出的快捷菜单中执行"引导层"命令,将"图层2"转化为引导层。选择"图层3",将"图层3"拖拽至"图层2"的下方,使"图层3"关联至"图层2"下方,此时,"图层2"和"图层3"都发生变化,如图7-32所示。

图7-32

STEP 10 在"图层3"的第1~240帧之间创建传统补间动画,此时老鹰的飞行动画已经基本制作完成,拖拽时间轴的指针会发现老鹰在滑翔时头部的方向不对。在"属性"面板中,找到补间属性,将"调整到路径"复选框选中,如图7-33所示。

图7-33

STEP 11 至此,完成老鹰翱翔动画的制作,如图7-34所示。最后按Ctrl + S组合键(或执行"文件"→"保存"命令)保存文件,按Ctrl + Enter组合键输出并浏览动画效果。

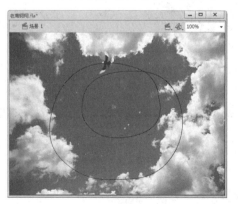

图7-34

知识点1 "库"面板的使用详解

Flash中的"库"面板非常方便实用，主要是用来储存在制作时出现的各种元件、图片、声音、视频等。最方便的是在Flash中不同的文档中的"库"可以共享。

1. 库中的元件

库中可以存储在制作过程中添加的元件，这样方便下次使用该元件，在使用时从库中拖出来就可以使用。元件分为三种类型：图形元件、影片剪辑元件、按钮元件。制作动画时最常用的为图形元件。因为图形元件在时间轴上就可以浏览动画，而影片剪辑则不能在时间轴上直接浏览动画。但是影片剪辑元件可以添加各种滤镜效果。按钮元件在模块09中有详细介绍，这里先暂时跳过。在库中的不同元件有不同的表现，如图7-35所示。

2. 库中的图片

Flash的库支持导入不同格式的位图图片。这些图片从外部导入进来也存放在库中，库中的图片有的作为背景使用，有的图片则为序列图片，作为逐帧动画使用，如图7-36所示。

> **提示**
>
> 在制作动画的过程中，往往会出现一些错误，在有些元件制作错误之后，通常只是在舞台中将其删除，但实际上该元件仍存在在库中，这种元件多了会占系统内存，只要在库面板的空白处右击，在其快捷菜单中执行"未使用的元件"命令，那么所有的没有使用的元件就会被选中，然后单击"删除"按钮即可。

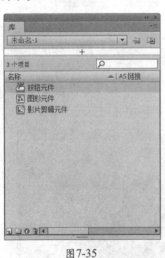

图7-35 图7-36

3. 库中的声音

Flash支持声音的导入，可用于在制作动画时配音效、背景音乐等，如图7-37所示。

4. 库的共享

不同文档的库在Flash中可以共用。单击"库"面板上方的下拉菜单，选择其他的文档，则该文档的库就可以随时使用，如图7-38所示。

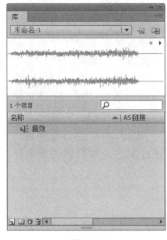

图7-37

图7-38

知识点2　Deco工具的使用

Deco工具 ✐ 是Flash中比较特殊的工具，该工具在绘制某些特定的图形时非常方便。在工具箱中单击Deco工具，光标会变成一个类似油漆桶的图案 ✿ ，此时就可以在舞台上绘制图形。在舞台上单击，默认图形为树藤的形状，如图7-39所示。

打开"属性"面板，如图7-40所示。在树叶和花的属性下，各有一个编辑按钮，单击"编辑"按钮，选择库中现有的元件图形，元件图形就会代替原有的树叶和花。

提　示

几乎所有的Deco绘图效果都支持元件替换填充元素的功能，该功能可以使用自己喜欢的元件图案来进行效果填充，否则系统将会采用默认形状填充。

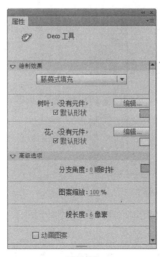

图7-39　　　　　　　　图7-40

单击"花"属性后面的"编辑"按钮，弹出如图7-41所示的"选择元件"对话框。选择"星星"元件作为替换。再使用Deco工具绘制图形，就会发现原有的花被星星替代，如图7-42所示。

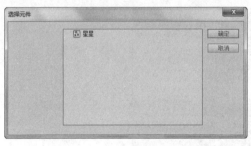

图7-41

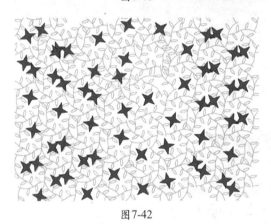

图7-42

在Deco工具的"属性"面板中可选择绘制效果，在其下拉菜单中提供了不同的绘制效果，如图7-43所示。

图7-43

在此，介绍其中使用很方便的工具——装饰性刷子，单击选择"装饰性刷子"，单击"高级选项"下拉按钮，在弹出的下拉列表中会有很多种选择，如图7-44所示。装饰性刷子

提 示

不同Flash文档中的素材可以相互调用，但如果不同文档中存在名称相同的元件，那么在导入时，软件会自动提醒是否替换元件。如果需要替换，单击"替换"按钮即可；如果不替换，就单击"将重复的元件创建文件夹"按钮，软件将会自动创建一个文件夹放置这些重名的元件。

在绘制一些特殊的图案时非常方便，如图7-45所示。

图7-44　　　　　　　　　图7-45

提示

　　如果"库"面板中的元件较多，看起来会非常杂乱。这时可在库中创建文件夹，并为文件夹命名，将同一类型的元件放置在同一文件夹下，以方便管理使用素材。

　　选择"花刷子"绘制效果，可以选择不同的花样式，直接使用工具单击就可以绘制一个想要的花型，如图7-46所示。

图7-46

　　在"花刷子"的"属性"面板中，不仅可以选择花的样式，还可以对花色、大小、树叶颜色、树叶大小、果实颜色进行调整。

　　选择"闪电刷子"，单击就可以绘制出炫酷的闪电，如图7-47所示。在其"属性"面板还可以对闪电的颜色进行调整。

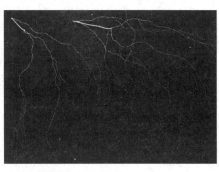

图7-47

选择"树刷子"，可以选择不同的树的样式，绘制树木，如图7-48所示。在其"属性"面板还可以调整树的比例、分支颜色、树叶颜色和花/果实颜色。

提 示

"库"面板的使用非常频繁，可以说只要制作一个动画，就一定会用到"库"面板。在"库"面板中可以放置各种元件：图形元件、按钮元件、影片剪辑元件和其他从外部导入的素材，包括声音、图片、视频。

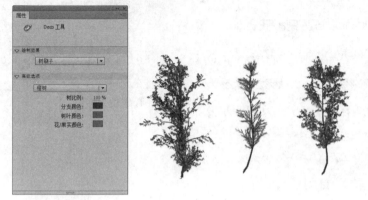

图7-48

Deco工具不仅有刷子的功能还有简单的动画效果，比如火焰动画、粒子系统、烟动画。使用火焰动画绘制动画，如图7-49所示，软件会自动创建一个逐帧动画。

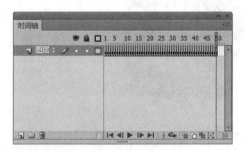

图7-49

在其"属性"面板中可以调整火苗的大小、火焰燃烧的速度和火焰燃烧持续的时间，也可以调整火焰的颜色，如图7-50所示。

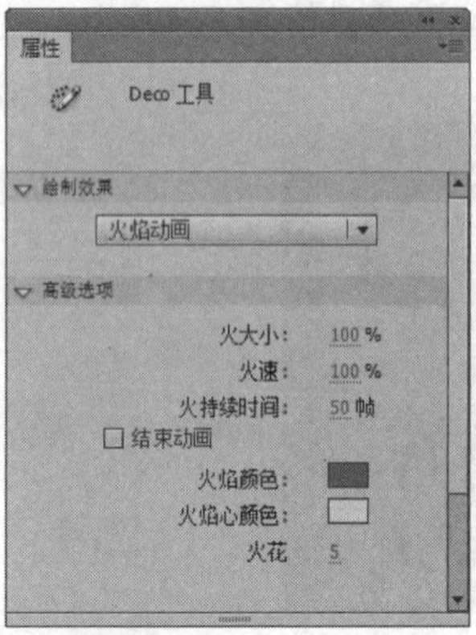

图7-50

总的来说，使用Deco工具可以绘制共13种图案效果，包括藤蔓式填充效果、网格填充效果、对称刷子效果、3D刷子效果、建筑物刷子效果、装饰性刷子效果、火焰动画效果、火焰刷子效果、花刷子效果、闪电刷子效果、粒子系统、烟动画效果、树刷子效果，并且每种效果都有其高级选项属性，可通过改变高级选项参数来改变效果。

提 示

　　Deco工具是一个不经常使用的工具，很容易被人忽视，但是该工具的有些效果制作非常方便。合理运用Deco工具，不仅会使画面变得丰富，而且也会提升制作速度。

知识点3　橡皮擦工具的使用

　　橡皮擦工具 ✐ 可以擦除不需要的图形，但是根据不同的需要，就要选择不同模式的橡皮擦。选择橡皮擦工具，在工具箱下方单击"橡皮擦模式"按钮 ☯，如图7-51所示，具体效果对比如图7-52所示。

■　☯ 标准擦除
　　◑ 擦除填色
　　◔ 擦除线条
　　◑ 擦除所选填充
　　◔ 内部擦除

图7-51

标准擦除

擦除填色

擦除线条

擦除所选填充

内部擦除

图7-52

- 标准擦除：图形的线条和颜色一并擦除。
- 擦除填色：只能擦除图形的颜色，线条保留。
- 擦除线条：只能擦除图形的线条，颜色保留。
- 擦除所选填充：只能擦除选择的图形的填充颜色。
- 内部擦除：只能擦除图形内部的内容。

Fl 独立实践任务

任务3 制作蝴蝶飞舞动画

🖳 任务背景

制作蝴蝶在花丛中飞舞的动画。蝴蝶在飞舞时有翅膀的扇动，效果如图7-53所示。

图7-53

🖳 任务要求

制作蝴蝶在花丛中飞舞的动画，要求蝴蝶有翅膀扇动的状态。运动路径符合蝴蝶飞舞的规律。

🖳 最终效果文件

素材文件和最终效果文件在"光盘:\素材文件\模块07\任务3"目录中。

🖳 任务分析

一、选择题

1. 运动引导层物体运动轨迹又称为（　　）。

　　A. 辅助线　　　　　B. 引导线　　　　　C. 定位线　　　　　D. 连接线

2. 将一般图层转换为普通引导层后，图层的（　　）不变。

　　A. 图标　　　　　　B. 颜色　　　　　　C. 名称　　　　　　D. A、B、C

3. 引导线应是一条从头到尾连续贯穿的线条，线条不能（　　）。

　　A. 中断　　　　　　B. 太细　　　　　　C. 重叠　　　　　　D. 交叉

4. 在Flash CS6中，"库"面板是用来存储（　　）的。

　　A. 元件　　　　　　B. 实例　　　　　　C. 视频、音频文件　　D. 矢量图形

5. 元件和与它相应的实例之间的关系是（　　）。

　　A. 改变元件，则相应实例一定会改变

　　B. 改变元件，则相应实例不一定会改变

　　C. 改变实例，则相应元件一定会改变

　　D. 改变实例，则相应元件可能会改变

6. 按快捷键（　　）可打开库面板。

　　A. Ctrl + A　　　　B. Ctrl + L　　　　C. Ctrl + C　　　　D. Ctrl + O

二、填空题

1. 为元件添加运动引导层，路径引导线必须绘制在_____图层上。

2. 添加传统引导层时引导层会_____创建。

3. 绘制好运动路径后，元件必须和路径两端_____才能实现路径动画。

4. 引导动画可以使一个或多个元件完成_____运动或不规则运动。

5. 引导层上的内容在动画导出后是_____。

6. 运动引导层可以描绘物体运动的轨迹，而运动轨迹又称为_____。

模 块

08 制作遮罩动画

本任务效果图：

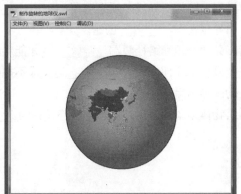

软件知识目标：

1. 能够制作简单的遮罩动画
2. 能够制作各种形状的遮罩
3. 能够制作简单的骨骼动画

专业知识目标：

1. 熟悉遮罩动画的工作原理
2. 熟悉骨骼动画的工作原理
3. 掌握遮罩的应用技巧

建议课时安排： 8课时（讲课4课时，实践4课时）

Fl 知识储备

知识1 遮罩动画

1.遮罩动画原理

利用遮罩原理创建动画是Flash中常用的一种技巧。遮罩动画必须要由两个图层才能完成，上面的一层称为遮罩图层，下面的一层称为被遮罩图层。遮罩层是一种比较特殊的图层。

该层内一般绘制一些简单的图形、文字或渐变图形等，这些都可以成为透明的区域，透过这个区域可以看见下面图层的内容。因此，利用遮罩层的这个特性，可以制作出一些特殊效果。

2.遮罩层的功能

遮罩层是制作Flash动画的一大利器，灵活运用遮罩层能够制作丰富多彩的动画效果。遮罩层的主要功能如下。

- 切割图形：利用遮罩层的"视窗"功能，可以从图形中切割出所需要的部分。
- 动态遮罩：在遮罩层或被遮罩层放入影片剪辑可以形成动态遮罩，由影片剪辑变化形成变幻效果。

> **提 示**
>
> 遮罩动画的制作其实并不复杂，简单而言，其实就是补间动画或者逐帧动画，然后再将该图层设置为遮罩层。

知识2 创建遮罩层

1.利用菜单命令创建

使用快捷菜单创建遮罩层的方法最为快捷、方便，因此经常使用。在需要设置为遮罩层的图层名称处右击，在弹出的快捷菜单中执行"遮罩层"命令，如图8-1（左图）所示，即可将当前图层设置为遮罩层，而该图层的下一个图层被相应地设置为被遮罩层，如图8-1（右图）所示。

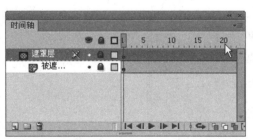

图8-1

2. 利用"图层属性"对话框创建

创建遮罩层的另外一种方法就是通过"图层属性"对话框创建。在"图层属性"对话框中除了设置遮罩层外，还要对被遮罩层进行具体设置，具体的操作如下。

STEP 01 选择"时间轴"面板中需要设置为遮罩层的图层，在菜单栏中执行"修改"→"时间轴"→"图层属性"命令，即可弹出"图层属性"对话框。

STEP 02 在"图层属性"对话框的"类型"区域选中"遮罩层"单选按钮，如图8-2所示。单击"确定"按钮，即可将当前图层设置为遮罩层。

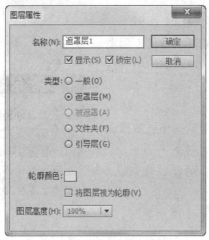

图8-2

STEP 03 选择"时间轴"面板中需要设置为被遮罩层的图层，打开"图层属性"对话框，在该对话框的"类型"区域选中"被遮罩"单选按钮，如图8-3所示。单击"确定"按钮，即可将当前图层设置为被遮罩层。

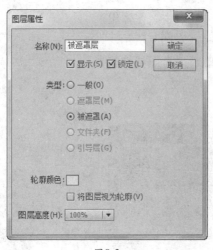

图8-3

提 示

遮罩层的使用方式有很多种，制作出来的效果也会让人意想不到，所以熟练掌握遮罩层的使用，会制作出很丰富的动画效果。

Fl 模拟制作任务

任务1 制作水面波纹

🖵 任务背景

制作水面波纹的波动效果动画，效果如图8-4所示。

图8-4

🖵 任务要求

制作水面水流动的效果，水面的波纹波动，使静态的画面动起来。

🖵 任务分析

使静态的画面动起来，首先要修改部分的画面，利用遮罩层的效果使水面流动起来。

🖵 重点、难点

1. 遮罩层的使用。
2. 静态图片的处理。
3. 遮罩的制作。

🖵 最终效果文件

最终效果文件在"光盘:\素材文件\模块08\任务1"目录中，操作视频文件在"光盘:\操作视频\模块08\任务1"目录中。

STEP01 打开"光盘:\素材文件\模块08\任务1素材\制作水面波纹（素材文件）.fla"文件。执行"文件"→"另存为"命令保存文件，选择保存的文件路径，并为文档命名为"制作水面波纹"。

STEP02 执行"窗口"→"库"命令，打开"库"面板，在"库"面板中找到名为"背景"的元件，并拖拽至舞台的合适位置，如图8-5所示。

图8-5

STEP03 在"背景"层的上方新建图层"遮罩"。选择"背景"图层的背景图片，按Ctrl + B组合键将图片分离，选择分离后的图片的状态，如图8-6所示。

图8-6

STEP04 使用套索工具🔾，在工具箱的下方单击"多边形模式"按钮🔳，将图片中的水面部分选中，如图8-7所示。使用套索工具在水面的起点单击，拖拽鼠标拉出直线，在水面拐角处再单击，最后绕回到起点，将水面部分框选在里面。

STEP05 选择图片中的水面部分后，右击，在弹出的快捷菜单中执行"复制"命令。选择"遮罩"图层，在舞台上右击，在弹出的快捷菜单中执行"粘贴到当前位置"命令，此时被复制的水面部分已经按照原来的位置复制在"遮罩"图层上。为了之后操作遮罩时的效果更明显，将复制后的水面部分向下移动一点距离。为了方便观察，单击"背景"图层前的隐藏图层按钮👁，将"背景"图层上的内容隐藏，如图8-8所示。

图8-7

图8-8

STEP06 执行"插入"→"新建元件"命令，新建一个名为"遮罩层"的图形元件，如图8-9所示。单击"确定"按钮进入元件编辑状态。

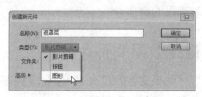

图8-9

STEP 07 在元件编辑状态下使用矩形工具，绘制一个矩形条，在"属性"面板设置矩形的属性：笔触和填充颜色均为黑色，笔触大小为1，样式为实线，如图8-10所示。

图8-10

STEP 08 设置好属性后在舞台上绘制矩形条，调整矩形的弧度使其弯曲，如图8-11所示。

图8-11

STEP 09 复制多个矩形条将其对齐排列成一竖排，如图8-12所示。

图8-12

STEP 10 返回"场景1"，在"遮罩"图层上方新建图层"遮罩层"，将库中的"遮罩层"图形元件拖拽至舞台合适位置，如图8-13所示。

STEP 11 在每个图层的第75帧处插入普通帧，在"遮罩层"图层上的第75帧处右击，在弹出的快捷菜单中执行"转化为关键帧"命令。将该帧处的黑色矩形向下移动，如图8-14所示。

STEP 12 在"遮罩层"图层的第1～75帧之间创建传统补间动画，如图8-15所示。

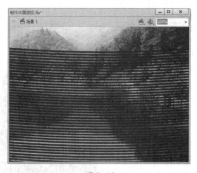

图8-13

图8-14

图8-15

STEP 13 选择"遮罩层"图层并右击，在弹出的快捷菜单中执行"遮罩层"命令，将该图层设置为遮罩层。此时时间轴上的"遮罩层"图层和"遮罩"图层发生变化，如图8-16所示。

图8-16

STEP 14 制作结束后按Ctrl + S组合键（或执行"文件"→"保存"命令）保存文件，按Ctrl + Enter组合键输出并浏览动画效果。

任务2　制作燃烧效果

🖵 任务背景

制作燃烧效果动画，效果如图8-17所示。

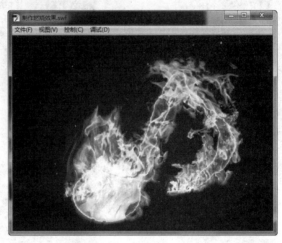

图8-17

🖵 任务要求

制作动态的火焰燃烧效果，利用遮罩层的效果表现出火焰的燃烧效果。

🖵 任务分析

使静态画面的火焰燃烧起来，需要使用遮罩层，把握住火苗燃烧的特点，绘制遮罩层，就会使火苗燃烧起来很逼真。

🖵 重点、难点

1. 遮罩层的使用。
2. 遮罩层的绘制。

🖵 最终效果文件

最终效果文件在"光盘:\素材文件\模块08\任务2"目录中。

🖵 任务详解

STEP 01 打开"光盘:\素材文件\模块08\任务2素材\制作燃烧效果（素材文件）.fla"文件。执行"文件"→"另存为"命令保存文件，选择保存的文件路径，并为文档命名为"制作燃烧效果"。

STEP 02 执行"窗口"→"库"命令，打开"库"面板，在"库"面板中找到名为"背景"的元件，并拖拽至舞台的合适位置，如图8-18所示。

STEP 03 在背景图层的上方新建图层，命名为"遮罩"。复制"背景"图层上的图片，选择"遮罩"图层并右击，在弹出的快捷菜单中执行"粘贴到当前位置"命令，将图片原位置粘贴在"遮罩"图层上。将复制后的图片向下移动一小段距离。

STEP 04 执行"插入"→"新建元件"命令，新建一个名为"遮罩"的图形元件，如图8-19所示。单击"确定"按钮进入元件编辑状态。

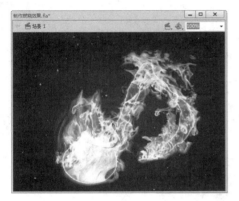

图8-18

图8-19

STEP 05 在元件编辑状态下使用刷子工具，在舞台上绘制一些小线段，随意画一些不规矩的线段较为合适，整体拼凑成一个矩形即可，如图8-20所示。

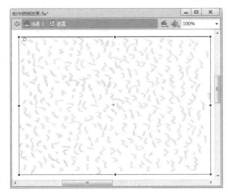

图8-20

STEP 06 返回"场景1"，在"遮罩"图层上方新建图层命名为"遮罩层"。将库中的"遮罩"图形元件拖拽至舞台，调整位置，要求上端与舞台上端对齐，控制元件的大小，使其下面要超过舞台，如图8-21所示。

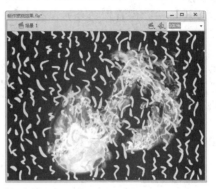

图8-21

STEP 07 在每个图层的第50帧处插入普通帧，将"遮罩层"的第50帧转化为关键帧，将第50帧处的"遮罩"元件向上移动，如图8-22所示。

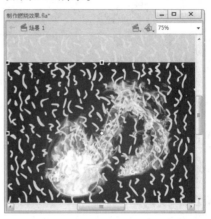

图8-22

STEP 08 在图层"遮罩层"的第1～50帧处创建传统补间动画，如图8-23所示。

图8-23

STEP 09 选择"遮罩层"图形并右击，在弹

出的快捷菜单中执行"遮罩层"命令，将该
图层设置为遮罩层。此时时间轴上的"遮罩
层"图层和"遮罩"图层发生变化，如图8-24
所示。

STEP 10 制作结束后按Ctrl + S组合键（或执
行"文件"→"保存"命令）保存文件，按
Ctrl + Enter组合键输出并浏览动画效果。

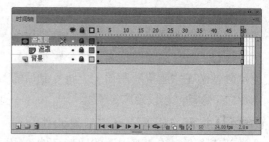

图8-24

任务3　制作旋转的地球仪

🖥 任务背景

制作旋转的地球仪，这个任务制作出的效果有一种模拟3D旋转的效果，如图8-25所示。

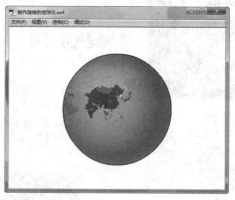

图8-25

🖥 任务要求

制作地球旋转的效果，利用遮罩层的效果表现地球的旋转是让其旋转的最简单的方法。

🖥 任务分析

利用遮罩层制作地球的旋转要注意其旋转的完整性和连贯性。

🖥 重点、难点

1. 遮罩层的使用。
2. 地图的处理。
3. 旋转开始和结束的把握。

🖥 最终效果文件

最终效果文件在"光盘:\素材文件\模块08\任务3"目录中，操作视频文件在"光盘:\操作
视频\模块08\任务3"目录中。

STEP**01** 打开"光盘:\素材文件\模块08\任务3素材\制作旋转的地球仪（素材文件）.fla"文件。执行"文件"→"另存为"命令，保存文件，选择保存路径，并命名为"制作旋转的地球仪"。

📌 **提示**

在Flash中进行各种编辑操作时，利用辅助工具可以为设计者提供辅助性的帮助，如标尺、网格和辅助线等。

标尺：在默认状态下，执行"视图"→"标尺"命令，或按Ctrl＋Alt＋Shift＋R组合键，即可将标尺显示在编辑区的上边缘和左边缘处。

网格：在默认状态下，执行"视图"→"网格"→"显示网格"命令或按Ctrl＋'组合键，即可显示网格。

辅助线：在默认状态下，执行"视图"→"辅助线"→"显示辅助线"命令或按Ctrl＋;组合键，可以显示辅助线。

STEP**02** 执行"窗口"→"库"命令，打开"库"面板，在"库"面板中找到名为"地图"的元件，并拖拽至舞台，如图8-26所示。

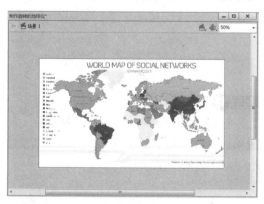

图8-26

STEP**03** 选择舞台上的地图，按Ctrl＋B组合键将图片分离。使用套索工具 🔗，在工具箱的下方单击"魔术棒"按钮 🪄，使用魔术棒工具选择地图的白色部分，如图8-27所示。

图8-27

STEP**04** 将选中的白色部分删除，观察地图将地图上的空白全部删除掉。使用选择工具 ▶ 框选住地图的上面字母部分和左边的字母部分，将其全部删除。删除后的地图呈透明状态，如图8-28所示。

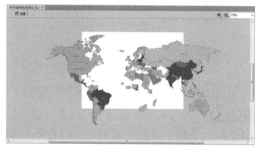

图8-28

STEP**05** 选择舞台上的地图，按Ctrl＋G组合键将其组合。使用矩形工具绘制蓝色无边框矩形，大小正好合适地图的大小。将其排列到地图的下方，如图8-29所示。

图8-29

STEP**06** 为了使地球的旋转有连续性，选择矩形和地图，按Ctrl＋B组合键将其分离，使用选择工具框选住地图的左半部分，右击，在弹出的快捷菜单中执行"复制"命令，粘贴在地图的右半边，并将其转化为图形元件命名为"地图动"，如图8-30所示。

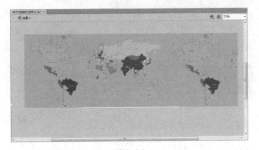

图8-30

STEP**07** 删除舞台上的地图，执行"插入"→"新建元件"命令，新建一个名为"旋转的地球"的图形元件，如图8-31所示。单击"确定"按钮进入元件编辑状态。

图8-31

STEP**08** 在元件的编辑状态下，使用椭圆工具 ◎ 绘制一个圆形，在"属性"面板设置其属性：笔触颜色为黑色，样式为实线，笔触大小为1，填充颜色设置为从#FFFFFF（透明度为0）到#434663的径向渐变，如图8-32所示。

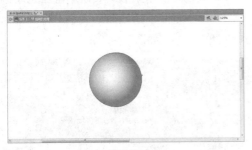

图8-32

STEP**09** 在"图层1"的下方新建"图层2"，将"图层1"上的圆复制并原位置粘贴至"图层2"上。在"图层2"的下方新建"图层3"。

STEP**10** 选择"图层3"，将库中的元件"地图动"拖拽至舞台合适位置，如图8-33所示。

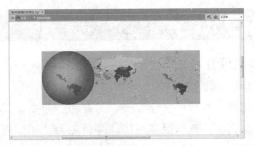

图8-33

STEP**11** 选择所有图层的第60帧处插入普通帧，将图层的第60帧转换为关键帧，并将第60帧处的地图向左移动，如图8-34所示。

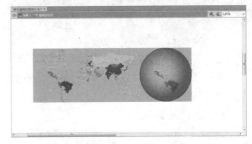

图8-34

STEP**12** 在"图层3"的第1~60帧之间创建传统补间动画，并将"图层2"转换成为遮罩层，如图8-35所示。

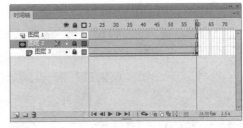

图8-35

STEP**13** 返回"场景1"，将"旋转的地球"元件拖拽至舞台中间，并在第60帧处插入普通帧，如图8-36所示。

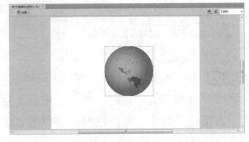

图8-36

STEP 14 制作结束后按Ctrl + S组合键（或执行"文件"→"保存"命令）保存文件，按Ctrl +
Enter组合键输出并浏览动画效果。

提示

在Flash中包括三种元件类型，每一种元件都具有独特的属性。

（1）图形元件。

图形元件通常用于存放静态的对象。在创建动画时，也可以包含其他的元件。但不能为图形元件添加声音，也不能为图形元件的实例添加脚本动作。图形元件在"库"面板中以一个几何图形构成的图标表示。

（2）按钮元件。

按钮元件用于在影片中创建对鼠标事件（如单击和滑过）响应的互动按钮。不可以为按钮元件创建补间动画，但可以将影片剪辑元件的实例运用到按钮元件中，使按钮有更好的效果。按钮元件在"库"面板中以一个手指向下按的图标表示。

（3）影片剪辑元件。

使用影片剪辑元件可以创建一个独立的动画。在影片剪辑元件中，可以为其添加声音、创建补间动画，或者为其创建的实例添加脚本动作。影片剪辑元件在"库"面板中以一个齿轮图标表示。

知识点1 3D旋转工具

　　3D旋转工具是Flash中新添加的一种工具。该工具是在平面软件的基础上模拟3D的效果。3D旋转工具只作用于影片剪辑元件，其他的比如图形、组合、绘制对象和图形元件都不能使用3D旋转工具。

　　使用3D旋转工具时，元件上会出现一个3D的旋转手柄如图8-37所示。

　　3D的旋转手柄的红色线表示X轴，移动X轴为上下旋转，如图8-38所示。

　　3D的旋转手柄的绿色线表示Y轴，移动Y轴为左右旋转，如图8-39所示。

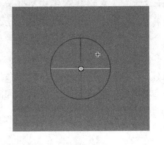

图8-37

> **提 示**
>
> 　　在制作遮罩动画时，要注意：遮罩层下面的被遮罩图层可以有若干个，但是，遮罩层只能有一个。

图8-38　　　　　　图8-39

　　3D的旋转手柄的蓝色线表示Z轴，移动Z轴为类似平面的左右旋转，如图8-40所示。

　　3D的旋转手柄的橙色线表示可以全方位的旋转的轴线，如图8-41所示。

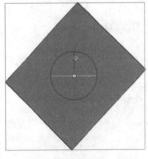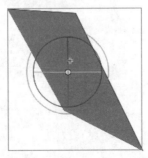

图8-40　　　　　　图8-41

知识点2　骨骼工具

　　骨骼工具 是Flash CS4版本之后新增加的工具,为制作动画减少了很多工作量。在舞台上绘制一个图形,使用骨骼工具绑定骨骼后,添加关键帧,调整骨骼的动作,骨骼的运动方式带动图形运动,进而形成一系列的连贯的动作。

　　(1) 在图形的每一个关节点单击骨骼工具,可以创建骨骼,如图8-42所示。

　　(2) 创建骨骼的起始点之后,接着创建之后的子骨骼,骨骼必须是连接完整的,如图8-43所示,为毛毛虫添加骨骼,原则上是在每一个关节部分添加一个骨骼节点。

图8-42　　　　　　　　　图8-43

提 示

遮罩动画在动画制作的过程中经常被用到,新手在刚上手时会觉得遮罩动画很难理解。其实只要记住一句话——被遮的地方是可以看见的,就可以很好理解遮罩动画的原理了。

　　(3) 为图形添加骨骼时,软件会自动生成一个骨骼图层,骨骼图层的颜色为墨绿色,如图8-44所示。

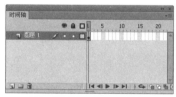　　

图8-44

　　(4) 将时间轴延长至25帧处,在每个图层的第25帧处插入普通帧,如图8-45所示。

　　(5) 在骨骼图层的第8帧处,插入关键帧,骨骼图层的关键帧和普通图层的关键帧有所区别,是一个黑色的菱形小点,如图8-46所示。

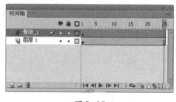　　

图8-45　　　　　　　　　图8-46

　　(6) 在舞台上调整骨骼的方向,调整骨骼有一个细节,就是调整前一级的骨骼,后面的会跟随着前一级的骨骼移动。如果调整后面的骨骼，前一级的骨骼动作也会发生变化，但是变化的方向不好掌握，如图8-47所示。

（7）在骨骼图层的第16帧处，再次插入关键帧，并再次调整骨骼方向。

图8-47

（8）有的时候调整骨骼的方向，前一级的骨骼也会跟着动。这时只要双击前一级的骨骼，光标会变成一个钉子，如图8-48所示。单击该处骨骼，就会出现一个叉号，如图8-49所示。表示该处的骨骼被钉死，不会再发生改变，再次双击取消叉号。

 提示

骨骼工具和3D旋转工具，看起来会使制作难度降低。但要制作一个很精细的动作的话，使用它们还是很难完成预期的效果。但在制作一些简单的动画时，使用它们可以轻松地完成，所以根据制作需求选择相应的制作方法。

图8-48

图8-49

（9）在骨骼图层的第25帧处，再次插入关键帧，并再次调整骨骼方向，如图8-50所示。

（10）此时，时间轴上已经有4个关键帧，预览动画，软件会将关键帧中间的动作连贯起来，如图8-51所示。

图8-50

图8-51

任务4　制作放大镜效果

🖥 任务背景

制作放大镜效果。放大镜经过的地方都有放大的感觉，效果如图8-52所示。

图8-52

🖥 任务要求

利用遮罩制作放大镜的效果，要注意遮罩层的运动要和放大镜的运动动作一致，否则就会出现穿帮的现象。

🖥 最终效果文件

素材文件和最终效果文件在"光盘:\素材文件\模块08\任务4"目录中。

🖥 任务分析

_____

_____

_____

_____

一、选择题

1. 遮罩动画必须由（ ）个图层完成。

   A. 1   B. 2   C. 3   D. 至少两个

2. 在创建遮罩后，锁定（ ）图层。

   A. 遮罩层   B. 被遮罩层   C. 遮罩层1   D. 被遮罩层1

3. 在Flash CS6中，创建骨骼动画的对象分别为（ ）。

   A. 元件实例   B. 文本   C. 图形形状   D. 以上全部

4. 在Flash中，（ ）无论放大或缩小多少，都有一样平滑的边缘，一样的视觉细节和清晰度。

   A. JPG图片   B. 高清图片   C. 矢量图   D. 位图

5. Flash转换到铅笔工具按（ ）键。

   A. R   B. Y   C. K   D. O

6. 在Flash中，绘制椭圆之前或在绘制过程中，按住（ ）键可以绘制正圆。

   A. Ctrl   B. Alt   C. Shift   D. Alt + Shift

二、填空题

1. 遮罩动画必须要由两个图层才能完成，上面的一层称为_____，下面的一层称为_____。

2. 遮罩层的主要功能为_____和_____两类。

3. 在创建"遮罩层"时，当前图层设置为_____层，而该图层的下一个图层被相应设置为_____层。

4. 利用_____工具，可以将打散后的位图进行部分修改或删除。

5. 3D旋转工具上的红色、绿色、蓝色分别表示_____轴。

模 块

09 制作简单交互动画

本任务效果图：

软件知识目标：

1. 能够制作动作按钮
2. 能够编写简单的动作脚本

专业知识目标：

1. 熟悉"动作"面板
2. 熟悉ActionScript的基本语法
3. 掌握按钮元件的创建流程

建议课时安排： 8课时（讲课4课时，实践4课时）

知识1 认识ActionScript

ActionScript是Flash内嵌的脚本程序，是针对Adobe Flash Player运行环境的编程语言。在Flash内容和应用程序中实现了交互性、数据处理以及其他许多功能。

使用ActionScript，不仅可以动态地控制动画的进行，还可以进行各种运算，甚至用各种方式获得用户的动作，并即时地做出回应，这样就可以有效地响应用户事件，触发响应的脚本来控制动画的播放，大大增强了Flash动画的交互性。

1. ActionScript的版本

Flash CS6中包含多个ActionScript版本，以满足各类开发人员和回放硬件的需要。

- ActionScript 1.0：该版本最初是随Flash 5一起发布的，这是一款完成可编程的版本；到Flash 6版时增加了几个内置函数，允许通过程序更好地控制动画元素。ActionScript 1.0仍为Flash Lite Player的一些版本所使用。

- ActionScript 2.0：Flash 7中引入了ActionScript 2.0，这是一种强类型的语言，支持基于类的编程特性，如继承、接口和严格的数据类型。Flash 8进一步扩展了ActionScript 2.0，添加了新的类库，以及用于在运行时控制位图数据和文件上传的API。对于许多计算量不大的项目来说，ActionScript 2.0仍然十分有用。ActionScript 2.0也基于ECMAScript规范，但并不完全遵循该规范。

- ActionScript 1.0 & 2.0：该版本提供了创建效果丰富的Web应用程序所需的功能，灵活性强，并进一步增强了这种语言功能，提供了出色的性能，简化了开发的过程，因此更适合高度复杂的Web应用程序和大数据集。ActionScript 1.0 & 2.0可共同存于同一个FLA文件中。

- ActionScript 3.0：该版本是一种强大的面向对象编程语言，标志着Flash Player Runtime演化过程中的一个重要阶段。该版本的脚本编写功能超越了ActionScript的早期版本，符合ECMAScript规

> **提示**
>
> 交互是Flash动画的一个特点。Flash不仅仅可以制作普通的二维动画，更重要的是，可以嵌入代码，使动画具有互动的效果。

范，提供更出色的XML处理、一个改进的事件模型以及一个用于处理屏幕元素的体系结构。使用ActionScript 3.0的FLA文件不能包含ActionScript的早期版本。ActionScript 3.0代码的执行速度可以比旧式ActionScript代码快10倍。

2. 如何选择ActionScript版本

尽管有了ActionScript 3.0版本，但是仍然可以使用ActionScript 2.0的语法，特别是为传统的Flash工作时。如果针对旧版Flash Player创建SWF文件，则必须使用与之相兼容的ActionScript 2.0或ActionScript 1.0版本。因此，在某些特定的条件下，往往要设置ActionScript版本，设置的步骤如下。

STEP 01 运行Flash CS6软件，进入工作环境后，执行"文件"→"发布设置"命令，打开"发布设置"对话框，在该对话框中选择Flash选项卡。

STEP 02 打开"脚本"下拉列表，从中选择ActionScript版本，如图9-1所示。

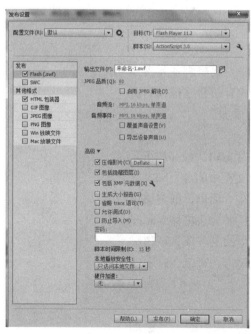

图9-1

提示

Flash功能在不断地增强，如果有些代码输入错误的话，在预览动画时，系统会自动提醒代码的错误点，可根据提示修改代码，用以完善整个动画。

知识2 "动作"面板

Flash提供了一个专门处理动作脚本的编辑环境，那就是"动作"面板。通常情况下，"动作"面板处于关闭状态，可以通过执行"窗口"→"动作"命令，打开"动作"面板。"动作"面板包括"动作工具箱"、"脚本导航器"、"工具栏"、"脚本编辑窗口"、"脚本助手"和"展开菜单"6个部分，如图9-2所示。

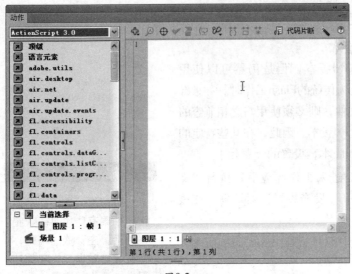

图9-2

提示

在制作动画的过程中，可以为帧、按钮和影片剪辑添加代码。

1. 动作工具箱

浏览ActionScript语言元素（如函数、类、类型等）的分类列表，然后将其插入到脚本编辑窗口中。要将脚本元素插入到脚本编辑窗口中，可以双击该元素或直接将它拖拽到窗口中，还可以使用"动作"面板中的按钮添加。

2. 脚本导航器

可显示包含脚本的Flash元素（如影片剪辑、帧和按钮）的分层列表。使用脚本导航器可在Flash文档中的各个脚本之间快速移动。如果单击脚本导航器中的某一项目，则与该项目关联的脚本将显示在脚本窗口中，并且播放头将移到时间轴的相应位置上。如果双击脚本导航器中的某一项，则该脚本将被固定（锁定）。依次单击每个选项卡，可以在脚本间移动。

3. 工具栏

当将脚本助手按钮释放后，"动作"面板的工具栏如图9-3所示。其中各项功能如下。

- 将新项目添加到脚本中 ：单击该按钮，在弹出的下拉菜单中选择动作语句，即可将语句添加到脚本编辑窗口中。该按钮包含的动作语句与动作工具箱中的命令是一致的。
- 查找 ：单击该按钮，打开"查找和替换"对话框，在其中的"查找内容"文本框中输入要查找的名称，再单击"查找下一个"按钮即可；在"替换为"文本框中输入要替换的内容，然后单击右侧的"替换"或"全部替换"按钮即可。

- 插入目标路径⊕：单击该按钮，打开"插入目标路径"对话框，可以在其中选择插入实例的目标路径。

- 语法检查✔：单击该按钮，可以对输入的ActionScript进行语法检查。如果脚本中存在错误，则显示一个消息对话框，并在"编译器错误"面板中显示脚本的错误信息。

- 自动套用格式▤：单击该按钮，可以对输入的ActionScript自动进行格式排列。

- 显示代码提示▣：单击该按钮，可以在输入ActionScript时显示代码提示。

- 调试选项▧：单击该按钮，在弹出的下拉菜单中执行"切换断点"命令，可以检查ActionScript的语法错误。

- 折叠成对大括号▨：在代码的大括号间收缩。

- 折叠所选▧：在选择的代码间收缩。

- 展开全部▧：展开所有收缩的代码。

- 显示/隐藏工具箱⊞：显示或隐藏工具箱。

- 帮助❓：由于动作语言太多，不管是初学者还是资深的动画制作人员，都会有忘记代码功能的时候，因此，Flash CS6专门为此提供了帮助工具。

提 示

代码的使用可以降低动画的制作难度，甚至可以完成动画制作不出来的效果。比如，绘制一个雪花后，就可以使用代码让其随机大小、随机方式飘落。

图9-3

4. 脚本编辑窗口

该窗口是用来编写ActionScript的区域，针对当前对象的所有脚本语句都会在该区域显示，并且在该区域对程序进行编辑。

5. 脚本助手

自从Flash MX 2004版本中去掉了脚本编辑器的普通模式后，许多想学习脚本的用户感觉使用时有很多困难。因此，为了方便初学脚本的用户能够更快掌握脚本语句，从Flash CS3版本起增加了"脚本助手"。该"脚本助手"相当于Flash MX 2004版本之前的脚本编辑器的普通模式，并且经过改进后比以前更加完善。

"脚本助手"是将"动作"工具箱中的选项添加到专门提供的界面中，而后生成脚本来完成脚本的编辑。这个界面包含文本字段、单选按钮和复选框，可以提示正确变量及其他脚本语言构造。

6. 展开菜单

单击"展开菜单"按钮，在弹出的下拉菜单中包括一些常用的命令，为制作动画提供了方便。

> **提示**
>
> 在添加动作代码之后，在时间轴上观察效果是观察不到的，只能通过预览来观察效果，然后再进行调整，直至达到理想效果。

知识3　编写ActionScript代码

在制作动画的过程中可以为三种对象添加ActionScript代码，它们分别是帧、按钮和影片剪辑。

1. 为帧添加脚本

为某帧添加动作脚本后只有在影片播放到该帧时才被执行。例如，在动画的第25帧处通过ActionScript脚本程序设置了动作，那么就必须等影片播放到第25帧时才会执行相应的动作。选中时间轴上要添加脚本的帧，在这里选择第29帧，按F9键，打开"动作"面板。在该面板中输入脚本，如"stop();"，为帧添加脚本后"动作"面板的标题栏显示为"动作—帧"。

2. 为按钮添加脚本

许多互动式程序的设计都是通过为按钮添加ActionScript而得以实现的。为按钮添加脚本只有在触发按钮、事件发生时才会执行，如经过按钮、按下按钮、释放按钮等。选中舞台中要添加脚本的按钮，打开"动作"面板。在该面板中输入脚本，为按钮添加脚本后"动作"面板的标题栏显示为一个按钮标志，如图9-4所示。

图9-4

3. 为影片剪辑添加脚本

为某影片剪辑添加脚本后，通常在播放该影片剪辑时ActionScript才被执行。选中舞台中要添加脚本的影片剪辑，打开"动作"面板。在该面板中输入脚本，为影片剪辑添加脚本后"动作"面板的标题栏显示为一个影片剪辑标志，如图9-5所示。

图9-5

提示

鼠标跟随效果在一些网站上使用得非常频繁。鼠标跟随效果酷炫，深受一些网友的喜欢，所以在制作网站时运用这个效果可使网站内容更加丰富。

Fl 模拟制作任务

任务1 雪花飘

💻 任务背景

制作随机的雪花飘散，使用简单的代码控制雪花不停飘散效果，如图9-6所示。

图9-6

💻 任务要求

使用简单的代码来控制雪花不停飘散，要求雪花的飘散有随意的感觉。

💻 任务分析

交互式动画中经常使用代码来控制一些动画，不仅快而且有制作动画达不到的效果。

💻 重点、难点

1. 为影片剪辑添加动作脚本。

2. 雪花的绘制。

3. 原件的创建。

💻 最终效果文件

最终效果文件在"光盘:\素材文件\模块09\任务1"目录中，操作视频文件在"光盘:\操作视频\模块09\任务1"目录中。

💻 任务详解

STEP 01 打开"光盘:\素材文件\模块09\任务1素材\雪花飘（素材文件）.fla"文件。执行"文件"→"另存为"命令保存文件，选择保存的文件路径，并为文档命名为"雪花飘"。

STEP 02 执行"窗口"→"库"命令，打开"库"面板，在"库"面板中找到名为"背景"的元件，并拖拽至舞台的合适位置，如图9-7所示。

图9-7

STEP 03 执行"插入"→"新建元件"命令，创建一个名为"雪花"的影片剪辑元件，如图9-8所示。单击"确定"按钮进入元件编辑状态。

图9-8

STEP 04 在影片剪辑元件编辑状态下，绘制雪花，使用线条工具，在其"属性"面板中，将笔触颜色设置为白色，笔触大小为1，样式为实线。绘制一个雪花的大体形状，如图9-9所示。

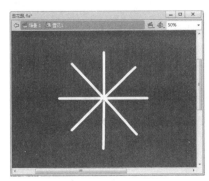

图9-9

STEP 05 使用椭圆工具绘制一个圆形，设置笔触为无，填充颜色为从白色Alpha值为100%到白色Alpha值为0%的径向渐变，如图9-10所示。

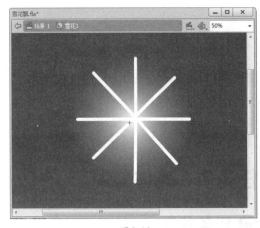

图9-10

STEP 06 返回到"场景1"，在"背景"图层上新建图层"雪花"，将库中的影片剪辑元件"雪花"拖拽至舞台，选择"雪花"元件，在"属性"面板中为该实例命名为"snow"，如图9-11所示。

图9-11

STEP 07 在"雪花"图层上新建图层"AS"，在"AS"图层的第1帧右击，在弹出的快捷菜单中执行"动作"命令，打开"动作"面板，输入代码，如图9-12所示。

图9-12

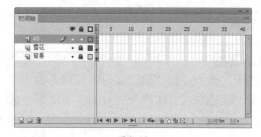

图9-13

STEP 08 在添加完成代码后关闭"动作"面板，此时时间轴上的"AS"图层第1帧发生变化，如图9-13所示。

STEP 09 制作结束后按Ctrl + S组合键（或执行"文件"→"保存"命令）保存文件，按Ctrl + Enter组合键输出并浏览动画效果。

任务2 制作鼠标跟随效果

💻 任务背景

制作一种鼠标跟随的动画效果，鼠标移动到哪个动画效果就跟随到哪儿，如图9-14所示。

图9-14

💻 任务要求

制作的动画效果可以跟随鼠标移动而移动，利用代码来控制跟随鼠标移动的动画。

💻 任务分析

将制作的动画编辑为影片剪辑元件，然后使用代码来控制影片剪辑的跟随效果。

💻 重点、难点

1. 影片剪辑的创建。

2. 代码的编辑。

📺 最终效果文件

　　最终效果文件在"光盘:\素材文件\模块09\任务2"目录中,操作视频文件在"光盘:\操作视频\模块09\任务2"目录中。

📺 任务详解

1.新建文档

STEP 01 打开"光盘:\素材文件\模块09\任务2素材\鼠标跟随(素材文件).fla"文件。执行"文件"→"另存为"命令保存文件,选择保存的文件路径,并为文档命名为"鼠标跟随"。

STEP 02 执行"窗口"→"库"命令,打开"库"面板,在"库"面板中找到名为"背景"的元件,并拖拽至舞台的合适位置,如图9-15所示。

图9-15

STEP 03 选择"插入"→"新建元件"命令,创建一个名为"红心运动"的影片剪辑元件,如图9-16所示。单击"确定"按钮进入元件编辑状态。

图9-16

STEP 04 在元件的编辑状态下,将库中的"红心"图形元件拖拽至舞台,并在第20帧处插入关键帧,如图9-17所示。

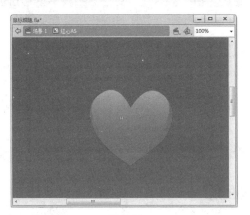

图9-17

STEP 05 选择第20帧处的红心,将其向右移动一段距离,在其"属性"面板中的"色彩效果"属性下选择样式为"Alpha",Alpha值为0,如图9-18所示。

图9-18

STEP 06 在第1~20帧之间创建传统补间动画,如图9-19所示。

STEP 07 执行"插入"→"新建元件"命令,创建一个名为"红心AS"的影片剪辑元件,如图9-20所示。单击"确定"按钮进入元件编辑状态。

图9-19

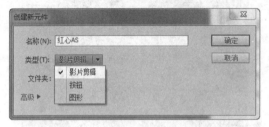

图9-20

STEP 08 将库中的影片剪辑元件"红心运动"拖拽至舞台，选择"红心运动"元件在"属性"面板中将该实例命名为"dot1"。在"图层1"的上方新建"图层2"，在"图层2"的第1帧处打开"动作"面板，添加动作脚本，如图9-21所示。

图9-21

STEP 09 在所有图层的第3帧处插入普通帧，在"图层2"的第2帧处打开"动作"面板，添加动作脚本，如图9-22所示。

STEP 10 在"图层2"的第3帧处打开"动作"面板，添加动作脚本，如图9-23所示。

STEP 11 返回"场景1"，在背景图层上新建图层，将库中的影片剪辑元件"红心AS"拖

拽至舞台，如图9-24所示。

图9-22

图9-23

图9-24

STEP 12 制作结束后按Ctrl + S组合键（或执行"文件"→"保存"命令）保存文件，按Ctrl + Enter组合键输出并浏览动画效果。

任务3　制作图片切换动画

🖵 任务背景

使用按钮元件和动作脚本的配合能够制作出不同图片切换的效果，如图9-25所示。

图9-25

🖵 任务要求

使用按钮和代码的配合来实现多张图片切换的效果。单击图片可以放大，再次单击可回到原始状态。

🖵 任务分析

使用按钮和简单的动作脚本来控制鼠标的单击效果，单单通过一种按钮是难以实现这个效果的。

🖵 重点、难点

1. 按钮的制作。
2. 脚本的添加。
3. 图片的拼接。

🖵 最终效果文件

最终效果文件在"光盘:\素材文件\模块09\任务3"目录中，操作视频文件在"光盘:\操作视频\模块09\任务3"目录中。

□ 任务详解

1. 打开文档

STEP 01 打开"光盘:\素材文件\模块09\任务3素材\图片切换动画（素材文件）.fla"文件。执行"文件"→"另存为"命令保存文件，选择保存路径，并命名为"图片切换动画"。

STEP 02 执行"窗口"→"库"命令，在"库"面板中找到名为"石头纹理"的元件，并拖拽至舞台的合适位置，如图9-26所示。

图9-26

STEP 03 在"背景"图层上新建"拼图"图层，将"库"面板中的"拼图"图形元件拖拽至舞台合适位置，如图9-27所示。

图9-27

STEP 04 执行"插入"→"新建元件"命

令，创建一个名为"矩形"的图形元件，如图9-28所示。单击"确定"按钮进入元件编辑状态。

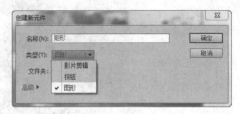

图9-28

STEP 05 在元件的编辑模式下，绘制一个矩形，在"属性"面板中设置矩形的属性：宽为150、高为120，笔触为无，填充颜色为黄色，如图9-29所示。

图9-29

STEP 06 执行"插入"→"新建元件"命令，创建一个名为"按钮"的按钮元件，如图9-30所示。单击"确定"按钮进入元件编辑状态。

图9-30

STEP 07 在元件的编辑模式下，在时间轴选择第3帧"指针"处，插入关键帧，将库中元件"矩形"拖拽至舞台，在"属性"面板中设置其色彩样式为Alpha，Alpha的值为30%，如图9-31所示。

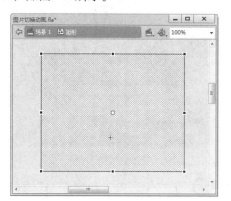

图9-31

STEP08 在时间轴的第4帧"点击"处插入关键帧，如图9-32所示。

图9-32

STEP09 返回"场景1"，在"拼图"图层上新建"按钮"图层，将库中的"按钮"元件拖拽至舞台合适位置，并复制8个，保证每一个小图片上都覆盖着一个"按钮"元件，如图9-33所示。

图9-33

STEP10 在"按钮"图层上新建"图片1"图层，在"图片1"图层的第2帧处插入关键帧，将库中元件"图片1"拖拽至舞台，大小位置和"拼图"图层的"图片1"相对应，如图9-34所示。

图9-34

STEP11 在"图片1"图层的第6帧处插入关键帧，并将图片放大，如图9-35所示。

图9-35

STEP12 在"图片1"图层的第2～6帧之间创建传统补间动画，并在第6帧处打开"动作"面板添加动作脚本"stop();"，如图9-36所示。

STEP13 在"图片1"图层上方新建8个图层，重复STEP10～12的操作，依次将补间动画向后错开6帧的位置，如图9-37所示。

图9-36

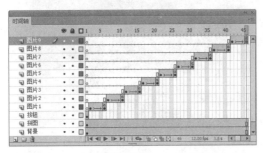

图9-37

STEP 14 在"图片9"图层上方新建"返回按钮"图层，在时间轴第1帧添加动作脚本"stop();"，在第2帧插入关键帧，将库中"按钮"拖拽至舞台并放大至整个舞台的大小，如图9-38所示。

图9-38

STEP 15 在"返回按钮"图层上方新建"文字"图层，使用文本工具 ⊤ 输入文本"黄色风光"，文本大小为52，字体颜色为#987D52，如图9-39所示。

图9-39

STEP 16 为文本添加"渐变斜角"滤镜效果，使文字有浮雕的感觉，如图9-40所示。

图9-40

STEP 17 制作结束后按Ctrl + S组合键（或执行"文件"→"保存"命令）保存文件，按Ctrl + Enter组合键输出并浏览动画效果。

Fl 知识点拓展

知识点1 按钮的四种状态

1."弹起"帧

按钮一开始呈现的状态即为"弹起"状态。

2."指针经过"帧

当鼠标指针放置在按钮上方时按钮显示的状态。

3."按下"帧

鼠标在按钮上按下时按钮的状态。

4."点击"帧

定义影响鼠标事件的区域，根据不同的按钮形状，绘制该区域也会有所不同，这个区域要略大于绘制的按钮，此区域在SWF文件中是不可见的。

知识点2 按钮的制作方法

方法一：

STEP**01** 创建一个新文档，执行"插入"→"新建元件"命令，创建一个名为"按钮"的按钮元件，此时时间轴面板如图9-41所示。

图9-41

STEP**02** 在"弹起"帧，绘制一个圆角矩形，如图9-42所示。

STEP**03** 在"指针经过"帧处插入关键帧，按住Alt键在矩形中心点不变的情况下将矩形放大一点，并改变其颜色，如图9-43所示。

STEP**04** 在"按下"帧处将"弹起"帧处的关键帧复制并粘贴在"按下"帧处，并将其颜色加深，如图9-44所示。

提 示

在创建元件时，要注意选择元件的属性：图形元件、影片剪辑或者按钮。如果选择错了或者忘记选择，可先在舞台上选择该元件，然后在属性栏中调整其元件属性。

01
02
03
04
05
06
07
08
09
10
11

图9-42

图9-43

图9-44

STEP**05** 在"点击"帧处插入普通帧保持状态就可以。此时一
个标准的按钮元件就制作完成了。

方法二：

经常会在一些网站看到很多特殊的按钮，并不是这样规
矩的矩形或者圆形之类的图形。而是一些复杂的图片，或者
文字之类的特殊按钮，如图9-45所示。

图9-45

这种类型的按钮通过上述的方法制作也许很难办到，那么可以通过另一种方式制作这种按钮。

STEP 01 找到一个制作好的按钮元件，或者打开"组件"面板，将Button组件拖拽至"库"面板中，如图9-46所示。

图9-46

STEP 02 将库中的Button组件拖至舞台，并且放大，如图9-47所示。

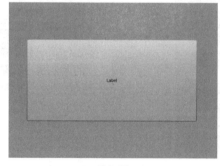

图9-47

STEP 03 在Button组件所在的图层上方新建一个图层，将想作为按钮的图片拖拽至舞台，大小调整到和Button组件大致相同，如图9-48所示。

图9-48

提 示

在"动作"面板中输入代码，代码的格式很讲究，即使是一个标点符号也不能出现错误，否则软件就不会执行该命令。在输入代码的同时也要注意，输入法一定要切换到英文小写状态。

STEP04 选择Button组件打开"动作"面板，在"动作"面板中输入需要的动作代码。

STEP05 打开Button组件"属性"面板，将Button组件的Alpha值调整为0，如图9-49所示。这样舞台上只留下图片，但是按钮的动作代码依然起作用，如图9-50所示。

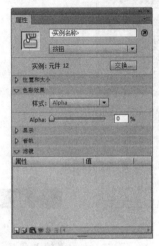

图9-49

> **提示**
>
> 影片剪辑元件的滤镜有很多种不同的类型，它们都有着不同的特殊效果。每个类型会有一些属性值，调整这些属性值也让效果有不同的变化，所以仔细研究掌握每个滤镜的属性是很重要的。

图9-50

知识点3　Actionscript 3.0语法基础

ActionScript 3.0既包含 ActionScript核心语言，同时也包含了Adobe Flash Player应用程序编程接口（API）。核心语言是定义语言语法以及顶级数据类型的 ActionScript部分。ActionScript 3.0提供对Flash Player的编程访问。下面简要介绍ActionScript 3.0的语法基础。

1. 点

点运算符（.）提供对对象的属性和方法的访问功能。使用点语法，可以使用在如下代码中创建的实例名来访问prop1属性和method1()方法：

```
var myDotEx:DotExample = new DotExample();
myDotEx.prop1 = " hello" ;
myDotEx.method();
```

2. 注释

ActionScript 3.0代码支持两种类型的注释，即单行注释和多行注释。

单行注释以两个正斜杠字符（//）开头并持续到该行的末尾。如下代码包含一个单行注释：

```
Var someNumber:Number = 3; // a single line comment
```

多行注释以一个正斜杠和一个星号（/*）开头，以一个星号和一个正斜杠（/*）结尾。如下面的代码包含一个条行注释：

```
/* This is multiline comment that can span
More than one line of code.*/
```

3. 分号

可以使用分号字符（;）来终止语句。如果省略分号字符，则编译器将假设每一行代码代表一条语句。由于很多程序员都习惯使用分号来表示语句结束，因此，如果坚持使用分号来终止语句，则代码会更易于阅读。

4. 大括号

在ActionScript语句中大括号（{}）用来分块，如下所示：

```
on(release){
_root.mc.Play(); }
```

提示

使用按钮元件制作的动作，在时间轴上是不会显示的。要想观察该按钮的动作，必须导出预览。

5. 小括号

在 ActionScript 3.0中，可以通过三种方式使用小括号，介绍如下。

第一，使用小括号来更改表达式中的运算顺序，如下代码所示：

```
trace(2+3*4); // 14
trace((2+3)*4); // 20
```

第二，可以结合使用小括号和逗号运算符 (,) 来计算一系列表达式并返回最后一个表达式的结果，如下代码所示：

```
Var a:int = 2
Var a:int = 3
trace((a++,b++,a+b)*4)); // 7
```

第三，可以使用小括号来向函数或方法传递一个或多个参数，此示例向trace()函数传递一个字符串值，如下代码所示：

```
Trace("hello"); // hello
```

独立实践任务

任务4　制作下雨动画

🖥 任务背景

制作下雨动画。雨水滴落在水面上的涟漪要表现出来，效果如图9-51所示。

🖥 任务要求

要求使用代码来控制雨水的随机效果，为了体现真实的雨水滴落在水面的涟漪也要使用代码来控制。

图9-51

🖥 最终效果文件

素材文件和最终效果文件在"光盘:\素材文件\模块09\任务4"目录中。

🖥 任务分析

一、选择题

1. Flash内嵌的脚本程序是（　　）。

　A. ActionScript　　　　B. VBScript　　　　C. JavaScript　　　　D. JScript

2. 按钮元件有（　　）帧。

　A. 3　　　　　　　　B. 4　　　　　　　　C. 5　　　　　　　　D. 6

3. 在Flash中，无法为（　　）添加动作代码。

　A. 图形元件　　　　B. 按钮元件　　　　C. 影片剪辑元件　　　D. 关键帧

4. 在Flash中，脚本文语言是通过（　　）实现的。

　A. "属性"面板　　B. "信息"面板　　C. "动作"面板　　D. "库"面板

5. （　　）提供对对象的属性和方法的访问功能。

　A. 点运算符　　　　B. 分号字符　　　　C. 大括号　　　　　D. 小括号

6. 单击（　　）按钮，显示语法是否有错误。

　A. 🔲　　　　　B. ✅　　　　　C. ⊕　　　　　D. 🔲

二、填空题

1. ActionScript在Flash内容和应用程序中实现了_____、_____以及其他许多功能。

2. Flash 中可以为_____、_____、_____三种对象添加动作脚本。

3. 代码注释是代码中被ActionScript编译器忽略的部分。_____可解释代码的操作，也可以暂时停用不想删除的代码。

4. ActionScript 3.0代码支持两种类型的注释，即_____和_____。

5. 使用Flash CS6制作交互动画时，可以通过三种方式触发事件，即_____、_____和_____。

模块 10 多媒体与组件的应用

本任务效果图：

软件知识目标：

1. 能够为按钮添加声音
2. 能够为动画添加背景音乐
3. 能够将视频插入到动画文件中
4. 能够创建组件动画

专业知识目标：

1. 熟悉动画中音频文件的类型
2. 熟悉动画中视频文件的类型
3. 掌握为按钮添加声音的技巧
4. 掌握组件的使用方法

建议课时安排： 8课时（讲课4课时，实践4课时）

知识1 音频

Flash提供许多使用音频文件的方法，可以使音频文件独立于时间轴连续播放，也可以使动画与一个音轨同步播放。为按钮添加声音，使其具有更强的互动性，通过声音淡入淡出还可以使音轨音效更加优美。

1.声音资源

声音是一种资源，存于"库"面板中。Flash可以为按钮事件添加声音效果，也可以制作一个自定义的音乐音轨作为背景音乐，还可以在动画中用同步可视元素和声音或音轨来创作一个流畅的演示文稿。

在Flash动画中，只需要一个声音文件的副本就可以在影片中以各种方式使用某种声音，如既可以使用全部声音，也可以将声音的一部分重复地放入影片中的不同位置，这样不会额外地增加Flash文件大小。可以在元件的"元件属性"对话框中给声音文件分配表示字符串，还可以在动作脚本中访问声音。

2.声音类型

Flash中有两种声音类型，即事件声音和数据流声音。声音的类型决定编辑效果和放置在时间轴的方式。

提示

Flash可以导入音频，但是有些音频是无法导入到Flash中的。Flash的音频采样率是11Hz的倍数，支持MP3、WAV格式。

- 事件声音：必须在播放之前完成下载，可以连续播放，直到有明确的停止指令时才停止播放。可以把事件声音作为单击按钮的声音，也可以作为循环的音乐，放置于任意一个希望从开始播放到结束而不被中断的地方。

- 数据流声音：只需在下载开始的几帧后就可以播放，并且能和Web上播放的时间轴同步。可以把数据流声音用于音轨或声轨中，以便声音与影片中的可视元素同步，也可以作为只使用一次的声音。

知识2 视频

在Flash CS6中除了可以应用其他软件制作的矢量图形和位图，还可以将视频剪辑文件导入动画中加以应用。此时的视频文件便成为动画文件的一个元件，而插入文档的内容就是该元件的实例。将视频剪辑文件导入Flash动画时，可以在导入之前对视频剪辑文件进行编辑，也可以应用自定义进行设置，如对带宽、品质、颜色纠正、裁切等选项进行设置。

Flash CS6对导入的视频格式有很高的要求，支持的视频格式有FLV和F4V格式编码的视频，如果导入的视频不是该类编码视频，就要通过Adobe Media Encoder进行编码转换后才能将文件导入到Flash CS6中。导入视频后，可以对视频进行缩放、旋转、扭曲、遮罩等操作，以及使用Alpha通道将视频编码为透明背景的视频，并且可以通过脚本实现交互效果。

知识3　组件

1. 组件及其分类

在Flash CS6中，如果要使动画具备某种特定的交互功能，除了为动画中的帧、按钮或影片剪辑添加动作脚本这种方法以外，还可以利用Flash CS6中提供的各种组件来实现。

组件是Flash中重要的组成部分，是一种已经定义了参数的影片剪辑元件，通过设置参数可以修改组件的外观和行为。同时，组件具有一定的脚本，允许设置和修改其选项。使用组件，可以构建复杂的Flash应用程序，使用户不必创建自定义按钮、组合框、列表等。执行"窗口"→"组件"命令，即可打开"组件"面板，如图10-1所示，其中包括了多种内置的组件。每个组件都有预定义参数，可以在创作时设置这些参数；每个组件还有一组独特的动作脚本方法、属性和事件，可以在运行时设置参数或选择其他选项，从而完成以前只有专业人员才能实现的交互动画。

提　示

Flash可以导入外部的视频，但是对格式和大小的要求相对较高，而且在导入的过程中也较为麻烦，所以Flash很少使用外部的视频。

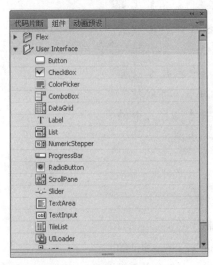

图10-1

利用内置的组件不但可以创建功能强大、效果丰富的程序界面，还可以加载和处理数据源的信息。Flash CS6内置了3种类型组件：UI（User Interface）组件、Video组件和Media组件，其中使用最多的是UI和Video组件。

- UI（用户界面）组件：该组件用于设置用户界面，并通过界面使用户与应用程序进行交互操作，在Flash中大多数交互操作都是通过该组件实现的。
- Video（视频）组件：该组件是多媒体组件，通过这些组件与各种多媒体制作及播放软件等进行交互操作。

2. 添加组件

添加组件到舞台的步骤如下。

STEP 01 执行"窗口"→"组件"命令，打开"组件"面板，如图10-2所示。

对齐(G)	Ctrl+K
颜色(Z)	Alt+Shift+F9
信息(I)	Ctrl+I
样本(W)	Ctrl+F9
变形(T)	Ctrl+T
组件(X)	Ctrl+F7
组件检查器(Q)	Shift+F7
其他面板(R)	▶

图10-2

STEP 02 选择面板中所需组件，按住鼠标将其拖拽到舞台（也可以双击选择组件）。

STEP 03 选中舞台中的组件，打开"属性"面板为实例命名，使用参数标签设置参数，根据需要修改组件大小，如图10-3所示。

图10-3

3. 查看和修改组件参数

选择舞台中的组件，打开"属性"面板，如图10-4所示。该面板的"组件参数"选项组中包含了组件的全部属性信息，通过它们可以修改组件的外观。单击实例名称右侧的按钮，打开"组件检查器"面板。该检查器可以帮助用户从组件中添加或删除参数，还可以指定参数值，从而控制该组件的实际功能。

图10-4

4. 删除组件

删除组件有以下两种方法：

（1）在"库"面板中，选择要删除的组件，按Delete键即可将其删除。

（2）选择要删除的组件，单击"库"面板底部的"删除"按钮，或者将组件直接拖拽至"删除"按钮上。

使用以上任意一种方法，都可删除组件。要从Flash影片中删除已添加的组件实例，可通过以上两种方法删除"库"面板中的组件类型图标，或者直接选择舞台中的组件实例，按Delete键或Backspace键删除组件实例。

5. 预览组件

对组件属性和参数修改完成后，可以从动画预览中看到组件发布后的外观，并反映出不同组件不同参数。执行"控制"→"启用动态预览"命令，可以启动或关闭动态预览模式。

默认情况下，这个预览功能是开启的，以便预览组件的外观和大小，但是在这种状态下，不能对组件进行测试和操作。要测试该组件功能，可以执行"控制"→"测试影片"命令。

提 示

一个舞台上可以添加很多的按钮元件，但是要注意的是按钮有时需要添加代码。要注意，ActionScript 3.0和ActionScript 2.0语言对于按钮元件的处理方式是不一样，一个是在时间轴上添加的代码，一个是在按钮元件本身添加的代码，所以一定要保证在同一舞台上所有按钮的代码语言相同。

任务1 为按钮添加音效

💻 任务背景

在Flash中制作按钮通常要为按钮添加不同的音效，使鼠标经过或按下有不同类型的音效以便区分，如图10-5所示。

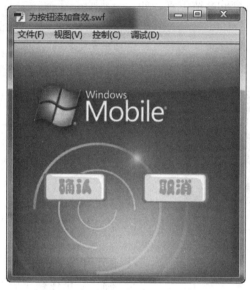

图10-5

💻 任务要求

通过本任务的制作，能够了解按钮的制作和对音效的添加。

💻 任务分析

制作一个简单的按钮，在"按下"帧处添加音效。

💻 重点、难点

1. 按钮的制作。

2. 音效的选择和添加。

💻 最终效果文件

最终效果文件在"光盘:\素材文件\模块10\任务1"目录中，操作视频文件在"光盘:\操作视频\模块10\任务1"目录中。

🖳 任务详解

STEP **01** 打开"光盘:\素材文件\模块10\任务1素材\为按钮添加音效（素材文件）.fla"文件。执行"文件"→"另存为"命令保存文件，选择文件路径，并将文档命名为"为按钮添加音效"。

STEP **02** 执行"窗口"→"库"命令，打开"库"面板，在"库"面板中找到名为"背景"的元件，并拖拽至舞台的合适位置，如图10-6所示。

图10-6

STEP **03** 在背景图层上方新建图层。执行"插入"→"新建元件"命令，新建一个名为"元件1"的按钮元件，如图10-7所示。单击"确定"按钮进入元件编辑状态。

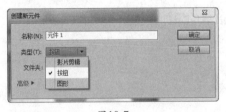

图10-7

STEP **04** 在元件编辑状态下，选择时间轴上的"弹起"帧，使用矩形工具绘制圆角矩形按钮，要求整体的按钮色调为绿色，如图10-8所示。

STEP **05** 在时间轴的"指针经过"帧处插入关键帧，使用任意变形工具将按钮放大，如图10-9所示。

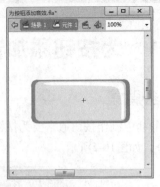

图10-8

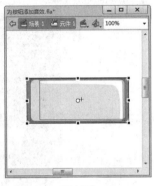

图10-9

STEP **06** 在时间轴的"按下"帧处插入关键帧，使用任意变形工具将内部的按钮缩小，如图10-10所示。

图10-10

STEP **07** 在时间轴的"点击"帧处插入关键帧，将"按下"帧处的关键帧复制并粘贴至"单击"帧处。

STEP **08** 在"图层1"上新建"图层2"，使用文本工具在"弹起"帧处输入文本"确认"，在字体的"属性"面板调整字体的样式、大小、颜色，如图10-11所示。

图10-12

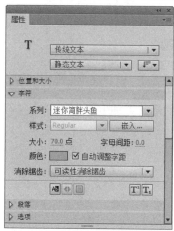

图10-11

STEP **09** 在"按下"帧处插入关键帧，将文本的字体颜色加深，如图10-12所示。将"弹起"帧处的关键帧复制并粘贴至"点击"帧处。

STEP **10** 选择图层1的"按下"帧，将库中的"音效.wav"声音元件拖拽至舞台，为按钮添加音效，如图10-13所示。

STEP **11** 使用同样的方法制作另一个按钮，将库中的"声音1.wav"声音元件拖拽至舞台，如图10-14所示。

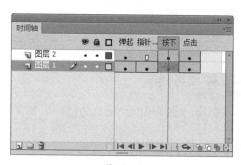

图10-13

图10-14

STEP **12** 制作结束后按Ctrl + S组合键（或执行"文件"→"保存"命令）保存文件，按Ctrl + Enter组合键输出并浏览动画效果。

任务2 为动画添加音效

🖵 任务背景

制作动画时有很多的地方需要音效或者音乐的支持，这样能使动画更加生动，如图10-15所示。

图10-15

🖵 任务要求

通过本任务的制作，能够了解动画中音效对动画的影响。

🖵 任务分析

制作一个简单的动画，为动画添加音效，有了音效的动画更加生动活泼。

🖵 重点、难点

1. 动画的制作。
2. 音效的选择。
3. 音效的添加。

🖵 最终效果文件

最终效果文件在"光盘:\素材文件\模块10\任务2"目录中，操作视频文件在"光盘:\操作视频\模块10\任务2"目录中。

🖵 任务详解

STEP 01 打开"光盘:\素材文件\模块10\任务2素材\为动画添加音效（素材文件）.fla"文件。执行"文件"→"另存为"命令保存文件，选择保存件路径，并命名为"为动画添加音效"。

STEP 02 执行"插入"→"新建元件"命令，新建一个名为"火"的影片剪辑元件，如图10-16所示。单击"确定"按钮进入元件编辑状态。

STEP 03 将"库"面板中的"火苗"和"火

盆"元件拖拽至舞台合适位置，如图10-17所示。

图10-16

图10-17

STEP 04 在"图层1"的下方新建"图层2"，将库中的"背景"元件拖拽至舞台合适位置，如图10-18所示。

图10-18

STEP 05 在"图层1"的上方新建"图层3"，将库中的"火的音效"声音元件拖拽至舞台，为动画添加音效，如图10-19所示。

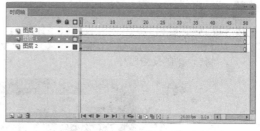

图10-19

STEP 06 返回"场景1"，将库中的"火"的影片剪辑元件拖拽至舞台中间位置，如图10-20所示。制作结束后按Ctrl + S组合键（或执行"文件"→"保存"命令）保存文件，按Ctrl + Enter组合键输出并浏览动画效果。

图10-20

任务3　在动画中添加视频

🖥 任务背景

在制作动画时常会导入一个视频，不仅效果好而且动画形式看起来也更加新颖，如图10-21所示。

🖥 任务要求

通过本任务的制作，了解视频在Flash中的添加。

任务分析

添加视频不同于添加音效，要根据不同的用处来选择添加视频的方式。

重点、难点

1. 视频的导入。
2. 将视频放入动画中。

图10-21

最终效果文件

最终效果文件在"光盘:\素材文件\模块10\任务3"目录中，操作视频文件在"光盘:\操作视频\模块10\任务3"目录中。

任务详解

STEP 01 打开"光盘:\素材文件\模块10\任务3素材\动画中添加视频（素材文件）.fla"文件。执行"文件"→"另存为"命令保存文件，选择保存的文件路径，并将文档命名为"动画中添加视频"。

STEP 02 执行"文件"→"导入"→"导入视频"命令，弹出"导入视频"对话框，单击"浏览"按钮，打开"打开"对话框，在"光盘:\素材文件\模块10\任务3素材"目录下选中"纯雪花.flv"视频文件，单击"打开"按钮。

STEP 03 在该对话框中选中"在SWF中嵌入FLV并在时间轴中播放"单选按钮，如

图10-22所示。

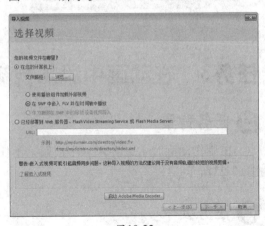

图10-22

STEP 04 单击"下一步"按钮，弹出"嵌

入"对话框,在该对话框中的"符号类型"下拉菜单中选择"嵌入的视频"选项,并选中"将实例放置在舞台上"复选框,如图10-23所示。

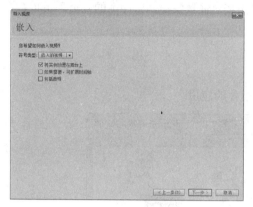

图10-23

STEP 05 单击"下一步"按钮,单击"完成"按钮,完成视频的导入。将库中的"背景"元件拖拽至舞台合适位置,如图10-24所示。

图10-24

STEP 06 在背景图层上方新建图层,将库中导入的视频拖拽至舞台,调整大小和位置,使其完全适合整个舞台,如图10-25所示。

图10-25

STEP 07 选择所有图层,并在所有图层的第240帧处插入帧,如图10-26所示。

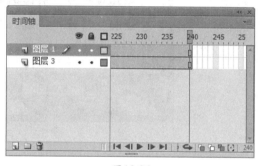

图10-26

STEP 08 制作结束后按Ctrl + S组合键(或执行"文件"→"保存"命令)保存文件,按Ctrl + Enter组合键输出并浏览动画效果。

 提 示

在Flash文档中导入外部视频后,在舞台上视频同样是可以被操作的,比如位置的移动、大小比例的缩放、旋转、为视频添加遮罩等。

任务4　利用组件制作课件

📺 任务背景

在Flash中组件的使用也比较广泛，组件的使用相对简单快捷。组件中的几个种类也是在制作交互动画中不可缺少的，本任务效果如图10-27所示。

📺 任务要求

通过本任务的制作，能够了解Flash中的几种组件的应用。

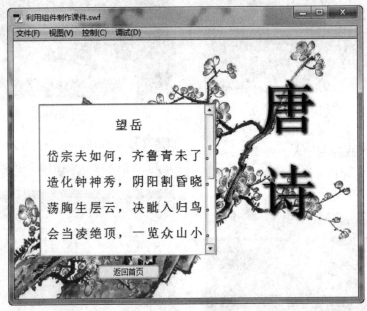

图10-27

📺 任务分析

在"组件"面板中找到需要用的组件类型，将其拖拽出来直接使用。使用方法并不难，难点在于组件之间的配合和代码的使用。

📺 重点、难点

1. 组件的不同类型的使用。

2. 代码的填写。

3. 组件之间相互配合。

📺 最终效果文件

最终效果文件在"光盘:\素材文件\模块10\任务4"目录中，操作视频文件在"光盘:\操作视频\模块10\任务4"目录中。

STEP **01** 打开"光盘:\素材文件\模块10\任务4素材\使用组件制作课件（素材文件）.fla"文件。执行"文件"→"另存为"命令保存文件，选择保存的文件路径，并将文档命名为"使用组件制作课件"。

STEP **02** 执行"窗口"→"库"命令，打开"库"面板，在"库"面板中找到名为"背景"的元件，并拖拽至舞台的合适位置，如图10-28所示。

图10-28

STEP **03** 执行"窗口"→"组件"命令，打开"组件"面板，将能用到的组件全部拖拽至库中，如图10-29所示。

图10-29

STEP **04** 在背景图层上方新建一个图层，将库中的"TextArea 副本"拖拽至舞台合适位置，并在"属性"面板中将其名称设置为"finals"，如图10-30所示。

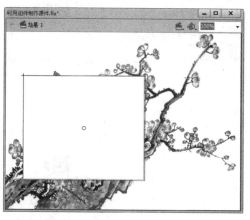

图10-30

STEP **05** 新建一个图层，选择第1~5帧，插入关键帧，在每一帧的"TextArea"区域使用文本工具输入唐诗的内容，如图10-31所示。

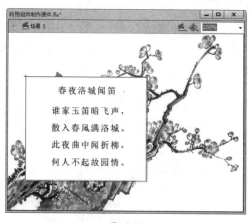

图10-31

STEP **06** 新建一个图层，使用文本工具输入课件的标题"唐诗"，并在第5帧处插入普通帧，如图10-32所示。

STEP **07** 新建一个图层，选择第1~5帧，插入关键帧，将库中的"Button 副本"拖拽至舞台合适位置，如图10-33所示。

图10-32

图10-33

STEP08 在"属性"面板中调整"Button 副本"的属性,将第1~4帧处的"Button 副本"的"label"改为"下一页",如图10-34所示。

图10-34

STEP09 在"属性"面板中调整"Button 副本"的属性,将第5帧处的"Button 副本"的"label"改为"返回首页",如图10-35所示。

图10-35

STEP10 新建图层,将库中的音乐拖拽至舞台,如图10-36所示。

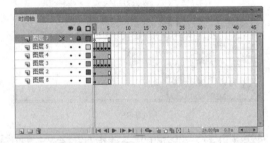

图10-36

STEP11 新建图层,在第1帧处打开"动作"面板输入代码,如图10-37所示。

图10-37

STEP12 制作结束后按Ctrl + S组合键(或执行"文件"→"保存"命令)保存文件,按Ctrl + Enter组合键输出并浏览动画效果。

知识点1　Button组件

　　Button组件是一种常用的类似于制作好的按钮元件，Button组件支持书写ActionScript脚本代码，用来制作一些交互式的动画。

　　Button组件的用法为：打开"组件"面板找到Button组件将其拖拽到舞台或库中，如图10-38所示。

　　单击舞台上的Button组件，打开其"属性"面板，如图10-39所示。在"属性"面板中，选中"emphasized"属性后起到加强Button组件的作用，使Button组件更为突出；"enabled"属性系统默认为选中状态，取消选中Button组件会呈透明状；"label"是为Button组件命名的属性，在空白处输入名称，Button组件就会在舞台上显示组件的名称，如图10-40所示。

> **提 示**
>
> 　　每一个组件的属性虽然都很多，但是很多组件的属性都大致相同。记住一些常用的属性后，基本上所有组件的属性都能同样使用。

图10-38　　　　　　　　图10-39

图10-40

知识点2　CheckBox组件

　　CheckBox（复选框）是一个可以选中或取消选中的方框。在Flash一系列选择项目中，利用复选框可以同时选取多个项目。当它被选中后，框中会出现一个复选标记。可以为CheckBox添加一个文本标签，并可将它放在CheckBox的左侧、右侧、上面或下面。

　　CheckBox组件的用法为：打开"组件"面板找到CheckBox组件将其拖拽到舞台，如图10-41所示。

　　单击舞台上的CheckBox组件，打开其"属性"面板，如图10-42所示。在"属性"面板中，"enabled"属性系统默认为选中状态，取消选中Button组件会呈透明状；"label"是为CheckBox组件命名的属性，在空白处输入名称"喜欢"或"不喜欢"，Button组件就会在舞台上显示组件的名称，如图10-43所示。

图10-41　　　　　　　　图10-42

图10-43

　　Labelplacement是一个下拉菜单，其中有4个选项，分别为left、right、top、bottom。该属性的4个选项各表示不同的CheckBox组件的位置，如图10-44所示。

Labelplacement值为left

Labelplacement值为right

Labelplacement值为top

Labelplacement值为bottom

图10-44

在CheckBox组件"属性"面板中选中Selected选项，表示舞台上的CheckBox组件为选中状态，如图10-45所示。选中visible选项表示将舞台上的CheckBox组件隐藏。

图10-45

知识点3 ComboBox组件

ComboBox（下拉列表框）组件与对话框中的下拉列表框类似，单击右侧的下拉按钮即可弹出相应的下拉列表，以供选择需要的选项。如可以在客户地址表单中提供一个各省名称的下拉列表。对于比较复杂的情况，可以使用可编辑的ComboBox。如在提供驾驶方向的应用程序中，可以使用一个可编辑的ComboBox以允许用户输入出发地址和目标地址。下拉列表可以包含用户以前输入过的地址。

将CheckBox组件拖拽至舞台，如图10-46所示。在CheckBox组件"属性"面板中调整其各种属性，如图10-47所示。

您的年龄：

图10-46　　　　　　　　　　　　图10-47

CheckBox组件有几个常用的属性。

（1）dataProvider：该属性是为组件添加下拉菜单选项，单击后面的铅笔图标，进入编辑面板，如图10-48所示。

单击"编辑"面板的加号，添加一个下拉菜单，单击减号删除一个下拉菜单，如图10-49所示。

图10-48　　　　　　　　　　　　图10-49

单击添加的下拉菜单的label来命名，如图10-50所示。

命名后的CheckBox组件如图10-51所示。

您的年龄：

20~30岁

图10-50　　　　　　　　　　　　图10-51

> **提 示**
>
> Flash中存在着三种类型的元件：图形元件、按钮、影片剪辑。每一种都有着不同的属性：图形元件很常用，在制作动画时，在时间轴上就可以观看图形元件的动作；按钮是制作按钮动画的元件；影片剪辑可以添加一些效果明显的滤镜，但是其动作在时间轴上显示不出，只有在其导出预览的时候才能观察到其动作。

（2）editable：该属性是个复选框，选中该属性，CheckBox组件的名字会消失，如图10-52所示。

图10-52

（3）enabled：该属性是一个复选框，默认为选中状态，取消选中CheckBox组件会呈半透明状，如图10-53所示。

图10-53

提 示

　　动画作为一个综合性很强的艺术形式，当然不只存在单纯的美术元素。在动画中，不光有着静态的美术，还有动态的镜头移动，也有着音乐的元素，所以要制作好一个动画，必须要综合考虑。背景音乐和音效占着举足轻重的地位，渲染环境气氛音乐将起到重要的作用。

（4）prompt：该属性是为CheckBox组件命名的属性，在后面填入名称，CheckBox组件就会显示该名称，如图10-54所示。

图10-54

知识点4　List组件

List（列表框）组件是一个可滚动的单选或多选的列表框，并且还可显示图形及其他组件。List组件使用跟Combox组件使用差不多，列表框组件和下拉列表框组件的时间和属性很多都一样，不同之处就在于下拉列表框是单行下拉滚动，而列表框是平铺滚动。

List组件通常用于一些选择查看内容。打开"组件"面板下的User Interface类，在其中选择List组件将其拖拽至舞台即可。在List组件实例所对应的"属性"面板中调整组件参数，如图10-55所示。

图10-55

提　示

Flash的组件有很多类型，但是在运用的时候一定要注意，组件都是靠编程来运行的，有的组件只支持ActionScript 3.0语言，而有的组件只支持ActionScript 2.0语言。如果语言选择错误，是用不了这些组件的。

该组件"属性"面板中各参数选项含义如下：

（1）allowMultipleSelection：用于确定是否可以选择多个选项。如果可以选择多个选项，则选择，如果不能选择多个选项，则取消选择。

（2）dataProvider：用于填充列表数据的值数组。它是一个文本字符串数组，为label参数中的各项目指定相关联的值。其内容应与labels完全相同，单击右侧的按钮，将打开"值"对话框，单击"+"按钮，添加文本字符串。

（3）enabled：用于控制组件是否可用。

（4）horizontalLineScrollSize：用于指定每次按下滚动条两边的箭头按钮时水平滚动条移动多少个单位，默认值为4。

（5）horizontalPageScrollSize：用于指定每次按下轨道时水平滚动条移动多少个单位，默认值为0。

（6）horizontalScrollPolicy：用于确定是否显示水平滚动条。该值可以为"on"（显示）、"off"（不显示）或"auto"（自动），默认值为"auto"。

（7）verticalLineScrollSize：用于指定每次按下滚动条两边的箭头按钮时垂直滚动条移动多少个单位，默认值为4。

（8）verticalPageScrollSize：用于指定每次按下轨道时垂直滚动条移动多少个单位，默认值为0。

（9）verticalScrollPolicy：用于确定是否显示垂直滚动条。该值可以为"on"（显示）、"off"（不显示）或"auto"（自动），默认值为"auto"。

（10）visible：用于决定对象是否可见。

知识点5　TextArea组件

TextArea是一个文本域组件，文本域组件是一个多行文字字段，具有边框和选择性的滚动条。在需要多行文本字段的任何地方都可使用 TextArea 组件。TextArea 类的属性允许在程序运行时设置文本内容、格式以及水平和垂直位置。也可以指明该字段是否可编辑，以及该字段是否为"密码"字段，还可以限制用户可以输入的字符。

TextArea组件是一个输入文本的区域，应用广泛，多用于教学课件和网络文章等。打开"组件"面板，选择TextArea组件将其拖拽至舞台，在TextArea组件实例所对应的"属性"面板中调整组件参数，如图10-56所示。

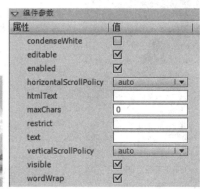

图10-56

该组件"属性"面板中各主要参数含义如下：

（1）editable：用于指示该字段是否可编辑。

（2）enabled：用于控制组件是否可用。

（3）horizontalScrollPolicy：用于确定水平滚动条是否打开。该值可以为"on"（显示）、"off"（不显示）或"auto"（自动），默认值为"auto"。

（4）maxChars：文本区域最多可以容纳的字符数。

（5）restrict：可在文本区域中输入的字符集。

（6）text：textArea组件的文本内容。

（7）verticalScrollPolicy：用于确定垂直滚动条是否打

开。该值可以为"on"（显示）、"off"（不显示）或"auto"（自动），默认值为"auto"。

(8) wordWrap：用于控制文本是否自动换行。

知识点6　TextInput组件

TextInput组件是单行文本组件，如果需要单行文本字段，那么就使用TextInput组件。比如在网页上通常会出现需要填写用户的个人信息、输入账号密码等。

TextInput组件常用于填写一些信息的表格中，例如网络的调查问卷、个人信息注册等。打开"组件"面板，选择TextInput组件将其拖拽至舞台，在TextInput组件实例所对应的"属性"面板中调整组件参数，如图10-57所示。

图10-57

该组件"属性"面板中各参数选项含义如下：

(1) editable：用于指示该字段是（true）否（false）可编辑。

(2) password：用于指示该文本字段是否为隐藏所输入字符的密码字段。

(3) text：用于设置TextInput组件的文本内容。

(4) maxChars：可以在文本字段中输入的最大字符数。

(5) restrict：用于指明可以在文本字段输入哪些字符。

> **提示**
>
> UIScrollbar 组件可以将滚动条添加到文本字段中。可以在创作时将滚动条添加到文本字段中，或使用 ActionScript 在运行时添加。如果滚动条的长度小于其滚动箭头的加总尺寸，则滚动条将无法正确显示，一个箭头按钮将隐藏在另一个的后面。Flash 对此不提供错误检查。在这种情况下，最好使用 ActionScript 隐藏滚动条。如果调整滚动条的尺寸以至没有足够的空间留给滚动框（滑块），则Flash 会使滚动框变为不可见。

Fl 独立实践任务

任务5 为按钮添加双重音效

🖵 任务背景

在Flash中制作按钮通常并不是只有一种单调的音效，一般来说都会有不同的音效来丰富按钮的内容，如图10-58所示。

图10-58

🖵 任务要求

在按钮不同状态时添加不同的音效，要求音效的效果不同，并符合按钮不同的状态。

🖵 最终效果文件

素材文件和最终效果文件在"光盘:\素材文件\模块10\任务5"目录中。

🖵 任务分析

_____

_____

_____

_____

一、选择题

1. Flash中可以导入声音类型包括（　　）。

    A. 数据流   B. 音频文件   C. 事件   D. 背景音乐

2. Flash CS6对导入的视频格式有很高的要求，支持的视频格式有（　　）编码的视频。

    A. WMV   B. FLV   C. F4V   D. AVI

3. 按下（　　）组合键，可以打开"组件检查器"面板。

    A. Ctrl + F7   B. Shift + F7   C. Ctrl + J   D. Alt + D

4. （　　）参数不可以在CheckBox组件实例的"属性"面板中设置。

    A. 复选框的标签   B. 复选框标签文本的方向

    C. 复选框的大小   D. 复选框的实例名称

5. 用（　　）参数可以设置Button组件实例的标签。

    A. icon   B. selected   C. labelPlacement   D. label

6. ComboBox组件是一种（　　）组件。

    A. 下拉列表框   B. 滚动条

    C. 列表框   D. 按钮

二、填空题

1. Flash CS6内置了3种类型组件：_____、_____和_____。

2. Flash中有两种声音类型，即_____和_____声音。声音的类型决定编辑效果和放置在时间轴的方式。

3. 利用"_____"面板或"_____"面板可以为相应的组件设置参数。

4. 利用_____组件可以创建复选框。

5. ScrollPane组件实例的_____参数用于决定能否用鼠标拖拽滚动窗格中的内容。

6. 默认情况下组件的预览功能是开启的，以便预览组件的外观和大小，但是在这种状态下，不能对组件进行测试和操作。要测试该组件功能，可以选择_____命令。

模 块 11

动画周边软件

本任务效果图:

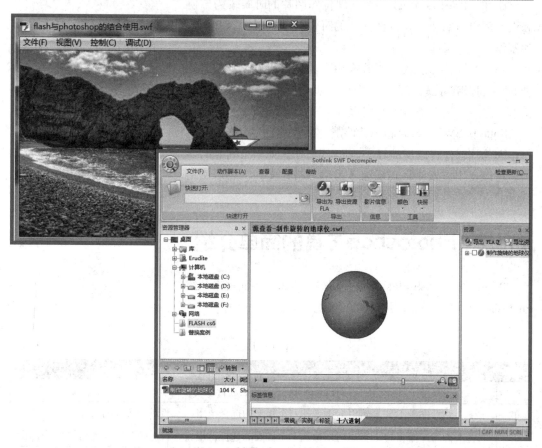

软件知识目标:

1. 能够熟悉一些动画周边软件
2. 能够使用Photoshop软件处理需要的图片

专业知识目标:

1. 熟悉动画周边软件
2. 熟悉Photoshop的使用方法
3. 掌握Flash导入PSD文件的方法

建议课时安排: 6课时(讲课2课时,实践4课时)

Fl 知识储备

知识1 Flash软件和其他软件的结合使用

Flash软件是一款主要处理矢量图片的软件，可以制作图片也可以制作动画，但是每个软件都有这样或那样的不足，所以要和其他的一些软件结合使用，来使自己的作品更加完美。

比如，Photoshop软件在处理位图图片的时候较为方便强大，所以当需要处理位图图片的时候就结合Photoshop软件制作。

3ds Max软件虽然是一款3D软件，但是Flash在处理一些旋转的镜头时相对比较复杂，然而结合3ds Max使用，旋转相对简单了许多，并且3ds Max也可以导出SWF格式的文件。

Sothink SWF Decompiler软件是一个Flash自学者必备的软件，因为该软件可以反编译一些SWF文件。如果见到好的作品，可以使用该软件将其反编译为FLA格式文件，然后使用Flash打开，学习其制作方式。

知识2 Photoshop工具的简单介绍

Photoshop软件和Flash结合使用的比较多，下面就来介绍Photoshop软件的一些常用工具的使用方法，如表11-1所示。

表11-1

序号	图标	工具名称	使用说明
01		移动工具	可以对Photoshop里的图层进行移动
02		矩形选择工具	可以对图像选一个矩形的选择范围，一般对矩形规则的选区使用
03		椭圆选择工具	可以对图像选一个椭圆的选择范围，一般对椭圆和圆规则的选区使用
04		单行选择工具	可以对图像在水平方向选择一行像素，一般对比较细微的选区使用
05		单列选择工具	可以对图像在垂直方向选择一列像素，一般对比较细微的选区使用
06		裁切工具	可以对图像进行剪裁，剪裁选择后一般出现8个节点框，使用鼠标对其中任何的一个节点进行拖拽可以进行选区的缩放，用鼠标对着框外出现旋转的标志，可以对选择框进行旋转，双击选择框或按Enter键即可以结束裁切
07		套索工具	选用该工具后，按住鼠标不放并拖拽，选择一个不规则的范围，一般适用于选取一些大范围的选区

序号	图标	工具名称	使用说明
08		多边形套索工具	可用鼠标在图像上某点定一点，然后进行多线选中要选择的范围。没有圆弧的图像勾边可以用这个工具，但不能勾出弧线，所勾出的选择区域都是由多条线组成的
09		磁性套索工具	这个工具似乎有磁力一样，不须按鼠标左键而直接移动鼠标，在工具头处出现自动跟踪的线，这条线总是沿着两种颜色的结合处，边界越明显磁力越强，将首尾连接后可完成选择，一般用于颜色与颜色差别比较大的图像选择
10		魔棒工具	用鼠标对图像中某颜色单击一下对图像颜色进行选择，选择的颜色范围要求是相同的颜色，在屏幕右上角容差值处调整容差度，数值越大，表示魔棒所选择的颜色差别越大，反之，颜色差别越小
11		画笔工具	对图像进行绘图
12		橡皮擦工具	用来擦除不必要的像素，如果对背景层进行擦除，则背景色是什么色擦出来的是什么色；如果对背景层以上的图层进行擦除，会将这层颜色擦除，会显示出下一层的颜色
13		铅笔工具	用来模拟平时画画所用的铅笔，选用这工具后，在图像内按住鼠标左键不放并拖拽，即可进行画线。笔头可以在右边的画笔中选取
14		模糊工具	用来对图像进行局部加模糊，按住鼠标左键不断拖拽即可操作。一般用于颜色与颜色之间比较生硬的地方加以柔和，也用于颜色与颜色过渡比较生硬的地方
15		锐化工具	与模糊工具相反，锐化工具是对图像进行清晰化，在作用的范围内全部像素清晰化。如果作用太厉害，图像中每一种组成颜色都显示出来，所以会出现颜色混乱的现象
16		涂抹工具	可以将颜色抹开，好像是一幅图像的颜料未干而用手去涂抹一样。一般用在颜色与颜色之间边界生硬的地方或颜色与颜色之间衔接不好的地方
17		减淡工具	用于对图像进行加光处理以达到对图像的颜色进行减淡，其减淡的范围可以在右边的画笔选取笔头大小
18		加深工具	与减淡工具相反，也可称为减暗工具，主要是对图像进行变暗以达到对图像的颜色加深，其减淡的范围可以在右边的画笔选取笔头大小
19		海绵工具	可以对图像的颜色进行加色或进行减色，可以在右上角的选项中选择加色还是减色。实际上也可以是加强颜色对比度或减少颜色的对比度
20		钢笔工具	用于绘制路径。每定一点都会出现一个节点加以控制，方便以后修改，而用鼠标拖出一条弧线后，节点两边都会出现一控制柄，还可按住Ctrl键对各控制柄进行调整弧度，按住Alt键则可以消除节点后面的控制柄，避免影响后面的勾边工作
21		增加锚点工具	可以在一条已勾完的路径中增加一个节点以方便修改，用鼠标在路径的节点与节点之间对着路径单击一下即可
22		减少锚点工具	可以在一条已勾完的路径中减少一个节点，用鼠标在路径上的某一节点上单击一下即可
23		直接选择工具	可以选择某一节点进行拖拽修改，或用鼠标对准路径按住鼠标不放而拖拽也可

以上都是一些Photoshop基本的工具介绍，多数都是和绘图有关。结合这些工具可以制作出Flash中难以做到的图片。

Fl 模拟制作任务

任务1　Flash和Photoshop的结合使用

🖳 任务背景

　　Flash在制作动画的时候经常和其他的软件结合使用，Photoshop在处理图片的能力上比Flash强大，使用Photoshop处理的图片导入到Flash中可直接使用，如图11-1所示。

图11-1

🖳 任务要求

　　使用Photoshop处理背景，使背景中的山和大海天空分离出来，单独在一个图层上保存成PSD文件，并使用Flash打开该文件。

🖳 任务分析

　　为了在Flash软件中背景的使用更加方便，处理照片时让图片中的"山"单独占一个图层，放置在天空和海的图层的上方。

🖳 重点、难点

　　1. Photoshop的使用。
　　2. 使用Flash打开PSD文件。

🖳 最终效果文件

　　最终效果文件在"光盘:\素材文件\模块11\任务1"目录中，操作视频文件在"光盘:\操作视频\模块11\任务1"目录中。

STEP 01 打开Photoshop软件，执行"文件"→"打开"命令，在弹出的对话框中选择"光盘:\模块11\任务1素材\素材.jpg"图片，单击"打开"按钮，如图11-2所示。

图11-2

STEP 02 选择"套索"工具 ₽，有三种不同类型的套索工具可以选择，如图11-3所示。

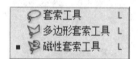

图11-3

STEP 03 选择"磁性套索工具"，此时光标变成一个小磁铁形状 ，在"山"的某一边缘处单击鼠标，将其作为起点，沿着边缘移动鼠标，软件会自动记录下形状，沿着"山"的边缘将"山"选中，如图11-4所示。

图11-4

STEP 04 选中整个"山"后，右击，在弹出的快捷菜单中执行"通过剪切的图层"命令，将选中的"山"剪切并复制到另一个图层，如图11-5所示。此时软件自动为"山"

新建了一个图层。

图11-5

STEP 05 执行"文件"→"储存"命令，选择保存路径，保存为PSD文件，如图11-6所示。

图11-6

STEP 06 打开Flash软件，新建一个文档，执行"文件"→"导入"→"导入到舞台"命令，选择制作好的PSD文件，将其打开，并选中所有图层。单击"将图层转化为"文本框右侧的下拉按钮，在弹出的下拉列表中选择"Flash图层"选项，选中"将图层置于原始位置"和"将舞台大小设置为与Photoshop画布大小相同"复选框，如图11-7所示。

图11-7

STEP 07 单击"确定"按钮，此时在Flash中打开的PSD文件图层顺序和Photoshop中的图层顺序一致，如图11-8所示。

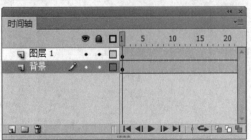

图11-8

STEP 08 执行"插入"→"新建元件"命令，在打开的"创建新元件"对话框中，新建图形元件"船"，如图11-9所示。单击"确定"按钮，进入元件的编辑区。

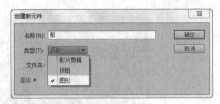

图11-9

STEP 09 在元件的编辑区内绘制一个船，并填充颜色，如图11-10所示。

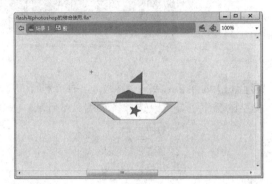

图11-10

STEP 10 返回"场景1"，在两个图层中间新建图层"船"，将库中的"船"元件拖拽至舞台合适位置，如图11-11所示。

图11-11

STEP 11 选择所有图层的第75帧处，插入普通帧。将图层"船"的第75帧转化为关键帧，将舞台上的"船"移动至"山"的后面。

STEP 12 在图层"船"的第1~75帧之间创建传统补间动画，如图11-12所示。

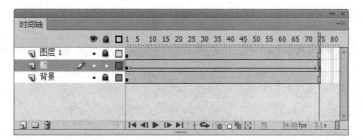

图11-12

STEP 13 制作结束后按Ctrl + S组合键（或执行"文件"→"保存"命令）保存文件，按Ctrl +
Enter组合键输出并浏览动画效果。

任务2   利用Sothink SWF Decompiler软件解析动画

🖥 任务背景

在学习和制作Flash的过程中，常常能见到一些精美的作品，并且很想模仿其中的效果。
这时就需要用到Sothink SWF Decompiler软件，这款软件能够反编译SWF文件，能够将其保存
为FLA文件，在Flash中打开。也可以反编译SWF文件，只单独的借用其中某一个元件或者图
形等，总之每一个素材都可以独立导出并使用，如图11-13所示。

🖥 任务要求

使用Sothink SWF Decompiler反编译一个SWF文件，反编译一个之前模块制作过的动画，
看看反编译之后的FLA文件是否和当时制作的一致。

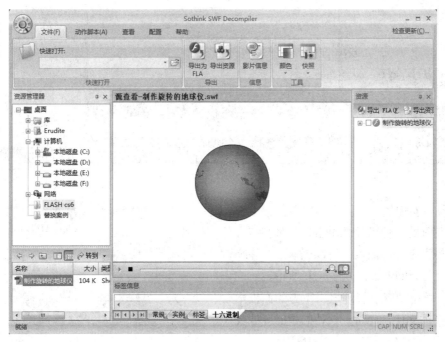

图11-13

📺 任务分析

打开Sothink SWF Decompiler，该软件其中的反编译功能能够轻松地将SWF文件转化为FLA文件。

📺 重点、难点

1. 使用Sothink SWF Decompiler软件。
2. 使用Sothink SWF Decompiler查看文件中使用的素材。
3. 将Sothink SWF Decompiler打开的SWF文件保存为FLA文件。

📺 任务详解

STEP**01** 打开Sothink SWF Decompiler软件，软件的界面如图11-14所示。

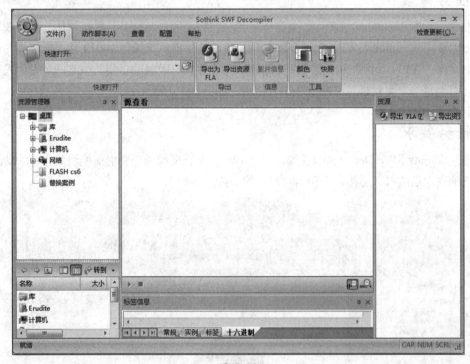

图11-14

STEP**02** 在左侧的"资源管理器"面板中，选择要打开的文件路径并单击，此时在"资源管理器"下方的面板中可以查看该文件夹中所有能打开的内容，如图11-15所示。

STEP**03** 单击"资源管理器"下方的面板中可以打开的文件，此时，软件的中间区域就会预览该动画的内容，如图11-16所示。

图11-15

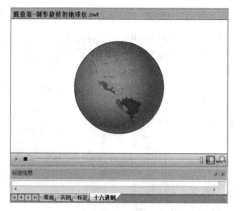

图11-16

STEP 04 软件的右边的"资源"面板中，就会将该动画中所使用的所有素材整理出来。单击每一类型素材前面的小加号，就可以查看素材详情，如图11-17所示。

STEP 05 此时该动画其实已经被反编译完成了，只需保存成FLA格式的文件。单击软件上方工具栏中的"导出为FLA"按钮，如图11-18所示。

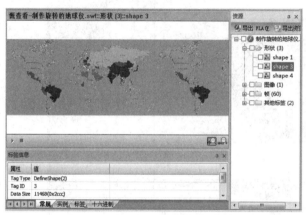

图11-17

图11-18

STEP 06 单击该按钮后，在弹出的对话框中单击"浏览"按钮，选择文件保存路径，如图11-19所示。

图11-19

STEP 07 选择好保存路径后，单击"确定"按钮。在弹出的对话框中选中"导出为Flash 8.0格式"单选按钮，单击"确定"按钮导出文件，如图11-20所示。

STEP 08 在保存的文件路径中找到保存的FLA文件，双击文件使用Flash CS6打开文件，如图11-21所示。

STEP 09 通过观察发现，除了库中的元件的命名和图层的命名反编译为英文的名称以外，其他的所有内容完全没有发生变化，说明反编译成功。该动画中的所有素材和制作

方式都可以完全的保存，方便使用和学习。

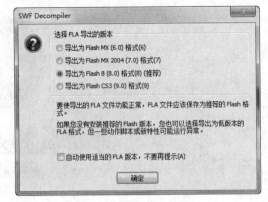

图11-20

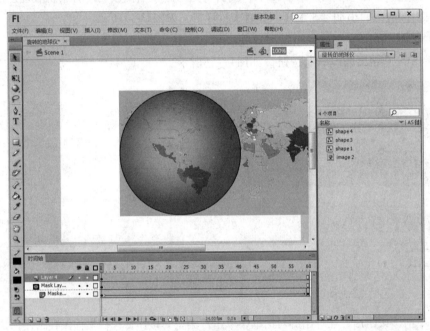

图11-21

在"知识储备"小节中简单地介绍了Photoshop处理图片的方法，但是Photoshop处理图片的方式有很多种，而且不同的图片处理方式也不同。处理图片最多的工作是抠图，那么最常用的工具也是套索和魔术棒工具。

套索工具分为几种：普通套索、多边形套索和磁性套索。这三种套索工具的使用方式不同，处理图片也就不同。

- 普通套索，就是选用该工具后，选择的区域是鼠标经过的区域，这种工具使用方便，但是稍微复杂的图片鼠标会不好控制。
- 多边形套索，该工具使用的都是直线的，所以对于一些线段较多的，没有弧度的图片，抠图相对简单，如图11-22所示。
- 磁性套索，对于边缘清晰可见的，但是不是规则图形的，使用该工具抠图相对简单，如图11-23所示。

图11-22

图11-23

这些套索工具的使用方式也不是一成不变的，要结合使用，经常练习，抠出来的图片就会很自然。

魔术棒工具在抠图的过程中也很重要。魔术棒主要适用于一些大面积的色调相同的图片，只要单击魔术棒就可以选择相同色调的区域。如图11-24所示，单击图片下面的绿色，所有绿色区域被选中。

有些图片的一些部分不需用的话，就使用裁剪工具 ⌗，可以将图片的某些部分删除，如图11-25所示。

Photoshop在文本工具的使用上也比Flash强大，Photoshop的文本工具可以将文本处理成有纹理的感觉。使用文本工具

> **提 示**
>
> Photoshop是一个图像处理的专业软件，功能非常强大。如果全部掌握当然很好，但是在制作动画只是需要处理简单的图片，所以只要掌握Photoshop基础工具即可，尤其是图层的应用、抠图的掌握、图片格式的设置和图像大小的设置等。

T.，在Photoshop中输入文本，如图11-26所示。

图11-24

图11-25

提 示

矢量图在图片任意缩放时都不会失真。而Flash就是一个矢量图处理软件。但如果需要位图，那么Flash的处理是很有限的，最好使用其他的专业软件来制作。

图11-26

双击文本所在的图层，在弹出的"图层样式"对话框中选中"斜面和浮雕"复选框及其下的"纹理"效果，如图11-27所示。

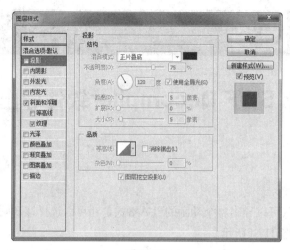

图11-27

此时的"图层"面板也发生了变化，出现了添加的效果，如图11-28所示。

图11-28

可在"图层样式"对话框中调整不同的属性，直到效果最佳，如图11-29所示。

图11-29

任务3　利用Sothink SWF Decompiler软件导出动画中的资源

📟 任务背景

　　Sothink SWF Decompiler软件不仅可以导出整个动画的FLA格式，还可以选择该动画中的某些资源作为素材单独导出，效果如图11-30所示。

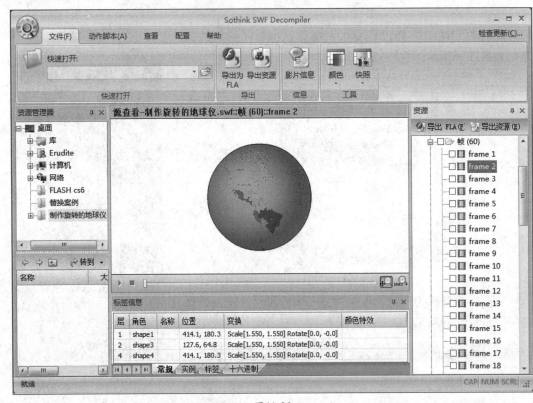

图11-30

📟 任务要求

　　要求使用Sothink SWF Decompiler软件有选择的导出一些有用的素材。

🖥 任务分析

一、选择题

1. 下面（　）不属于Photoshop中套索工具的一种。

A. 套索工具
B. 多边形套索工具
C. 磁性套索工具
D. 魔术棒套索工具

2. Photoshop在处理（　）图片比Flash强大。

A. 位图图片
B. 矢量图片
C. 序列图片
D. 所有格式图片

3. Sothink SWF Decompiler软件中，想要将整个动画反编译应该选用（　）工具按钮。

A. 导出资源
B. 影片信息
C. 导出为FLA
D. 快照

4. 传统文本区域有三种类型，分别是（　）。

A. 静态文本
B. 输入文本
C. 动态文本
D. 扩展文本

5. 单击"改变文字方向"按钮，可选择文本为（　）排列。

A. 水平
B. 反向
C. 垂直
D. 正向

6. 选择图片，右击，在弹出的快捷菜单中选择排列下的相应命令，可将该图片（　）。

A. 移至顶层
B. 移至底层
C. 上移一层
D. 下移一层

二、填空题

1. Sothink SWF Decompiler软件最大的功能是可以将SWF动画_____。

2. Photoshop软件处理好图片后保存为_____格式的文件，可以在Flash中打开，并且能够保存原有的图层。

3. 在Flash CS6的工具箱中，右下角带三角号的工具表示该工具为一个_____。

4. 在Flash CS6中，放大或缩小整个舞台，可执行"_____"菜单下的"放大"或"缩小"命令。

5. Flash有两种撤消模式，分别为_____层级撤消和_____层级撤消。

6. 在Flash中导入素材时，可以执行"_____"菜单下的"导入"命令，将素材导入到Flash文档中。